现代建筑工程项目管理创新探索

郭　光　李晓真　唐鹏虎　著

吉林科学技术出版社

图书在版编目（CIP）数据

现代建筑工程项目管理创新探索 / 郭光，李晓真，
唐鹏虎著 . -- 长春：吉林科学技术出版社，2019.10
　　ISBN 978-7-5578-6217-6

　　Ⅰ . ①现… Ⅱ . ①郭… ②李… ③唐… Ⅲ . ①建筑工程—
工程项目管理 Ⅳ . ① TU71

　　中国版本图书馆 CIP 数据核字（2019）第 233162 号

现代建筑工程项目管理创新探索

著　　者	郭　光　　李晓真　　唐鹏虎
出 版 人	李　梁
责任编辑	端金香
封面设计	刘　华
制　　版	王　朋
开　　本	16
字　　数	240 千字
印　　张	10.75
版　　次	2019 年 10 月第 1 版
印　　次	2019 年 10 月第 1 次印刷
出　　版	吉林科学技术出版社
发　　行	吉林科学技术出版社
地　　址	长春市福祉大路 5788 号出版集团 A 座
邮　　编	130118

发行部电话 / 传真　0431—81629529　　　81629530　　　81629531
　　　　　　　　　　81629532　　　81629533　　　81629534

储运部电话　0431—86059116

编辑部电话　0431—81629517

网　　址	www.jlstp.net
印　　刷	北京宝莲鸿图科技有限公司
书　　号	ISBN 978-7-5578-6217-6
定　　价	48.00 元

前　言

　　建筑工程项目管理创新是一个非常复杂的课题，由于涉及施工企业的发展和规划，势必要从工程总体质量、进度、成本等方面进行深入的考察也研究，从而保障工程项目管理的应用成效。目前，建筑行业呈现出高速发展的趋势，建筑工程的结构越来越复杂、规模越来越大，为施工企业带来经济效益的同时也对其项目管理提出了更严格的标准。项目管理贯穿建筑工程的整个建设过程，是施工企业综合业务能力的体现。传统的项目管理存在局限性，面对当前复杂的施工过程很难发挥出应用的效果。因此，施工企业要认识到项目管理创新的重要性，以项目建设目标为基础，从前期准备、资源配置、工程造价、施工效率、质量安全防范等方面进行管理方法的创新，这对于施工企业的长远发展有着重大的现实意义。

　　本书旨在对现代建筑工程项目管理的创新进行深入分析，首先概述了现代建筑工程项目的概念、特点及实施意义，其次介绍了现代建筑工程的组织与施工准备，再次系统地分析了现代建筑工程质量管理创新、进度管理创新、成本管理创新、造价管理创新、安全管理创新，以及现代建筑工程的环境保护与绿色施工创新管理等内容，希望为建筑工程管理的进步提供借鉴。

　　本书在撰写过程中参阅了大量国内外相关文献和网络资源，在此向这些文献和资源的原创者致以诚挚的感谢。由于作者水平有限，书中疏漏和不足之处敬请专家、读者批评指正。

目　录

第一章 现代建筑工程项目概述

第一节 现代建筑工程项目的概念和特点

一、现代建筑工程项目的概念

传统建设项目是以单一功能、单一用途为主导，辅以必要的辅助配套设施为项目总体构成的建设模式，其中，民用工程项目以居住工程为主，辅以必要的生活服务配套设施等，而工业项目以其生产性建设为主，辅以必要的生活服务、办公服务配套设施。而21世纪初所兴起的第四代现代建筑工程带来了全面的改变，其突破了传统建设项目的构建格局，可集商业现代建筑、5A级写字楼、超五星级酒店、高级住宅楼、回迁住宅楼、学校、幼儿园以及市政管网、绿化景观、广场道路等工程为一体，构成综合性开发项目，体现了建设项目的创新定义。现代建筑开发项目的建设理念，充分体现了现代城市高效率工作以及快节奏生活的要求，把城市功能的基本元素有机地融合于建设项目之中，体现了以人为本和城市让生活更美好的设计理念。

二、现代建筑工程项目的特点

（一）项目规模大

现代建筑工程一次性开工面积一般是在30万~50万 m^2 的群体工程，最大可达近200万 m^2，其中单体塔楼数量为50栋左右，属于超大体量工程。有的独立基坑宽度在120~150m，长度一般在300~500m；大型商业体一般为地下2~3层、地上3~5层，单层面积在8万~10万 m^2；大型商业体上部分布3~5栋25~50层的5A写字楼或超五星级酒店，而住宅沿街与商业两侧均为商铺；住宅车库顶为景观绿化；大商业、酒店装饰为大幕墙和石材，金街四周为石材铺装。

（二）结构复杂多变

现代建筑工程结构的形式多为框架、框架—核心筒、框架剪力墙结构，地下室为地下

1

两层或三层，大部分存在人防结构。工程地基承载形式主要分为桩基础或自然承载两种形式，基础主要为筏板基础或独立承台基础，地下室及裙楼主要为框架结构，塔楼为框架—核心筒结构或框架—剪力墙结构，个别结构存在大跨度预应力梁或屋面网架，荷载传递路线极其复杂。地下室层高一般为 5 ~ 6.5m，柱间距一般为 8 ~ 12m，裙楼层高一般为 4.5 ~ 6.5m，塔楼层高 3.3 ~ 3.9m. 车库顶板多为覆土屋面，在结构体系方面较为复杂。

（三）建设工期紧

现代建筑工程项目从交底开始到商业、酒店开业、住宅入住总工期一般为 20 ~ 24 个月，"工期至上"的理念要求一切服务于工期，已成为大多数类似项目的主要特征，业主为满足项目销售的时间节点要求，经常会提出变更合同工期要求，从而导致关键项目工期控制主线的变化，需要重新设置关键节点工期目标。初步统计结果表明现代建筑项目的综合工期比其他开发商同类工程的工期要缩短 40% ~ 50%，同时，由于工程大多地处城市中心区域，周围环境复杂，场地狭小，给施工增加难度。为了实现业主要求的工期目标，承包单位必须加大劳动力、设备及相关周转材料的投入来进行抢工期，经常出现"人海战术"和"非正常加班加点"的不经济施工方式，增加了总承包单位的运转负担和经济支出。

（四）机电设备系统要求高

现代建筑工程内的安装工程有给水排水及智能化系统、消防箱系统、烟感报警系统、风系统、强弱电系统、消防喷淋系统等，而考虑南北区差异，北方安装工程有消防箱系统、供暖系统、强弱电系统、给排水系统等，南方无暖气系统，较为简单。机电设备的复杂性要求在施工中广泛使用 BIM 系列技术以解决机电设备系统复杂的问题，同时为保证其高效运行，还必须进行科学合理的调试和试运行。

（五）分包机制更加灵活的应用

现代建筑项目中存在着大量的业主指定分包、业主独立发包和甲方指定材料供应的情况，项目分包和甲方独立发包数量甚至多达 60 ~ 100 家，在项目后期往往还会出现业主在临近开业日期时，将已经分包的工程又压给总承包单位施工的现象，造成很大的被动，因此需要加强对分包方的管理，更加灵活多变地处理分包过程中的问题，发挥分包机制的巨大作用，都有利于创造综合体工程的最佳效益。

第二节　现代建筑工程的项目管理

一、总承包方风险

由于业主一方面要求缩短项目开发周期，一方面又无法及时完成拆迁，致使大量工程存在不能及时开工及建设手续不完备的情况。由于设计变更量大,致使图纸供应来不及及时修改,造成"三边工程",在施工中存在大量的方案变更、技术变更情况,给总承包方造成风险。

二、财务风险

现代建筑项目工程资金融资情况普遍额度较大,项目实施过程工程变更频繁,但业主通常对项目公司的财务控制要求严格,给予项目公司的权限较小,审批流程极为复杂。由于现代建筑项目按节点付款且付款比例较低,前期资金垫付总量大,造成贷款利息多,财务成本较高。虽然业主强调项目工期管理,但通常由于项目管理部受签证授权及流程的制约,绝大部分签证在未能确认的情况下,现场必须先行施工,造成极大的成本风险,而且业主将抢工措施费与工期节点挂钩,若没有达到业主压缩的合同工期要求,其抢工措施费很难予以确认,这给施工单位也造成了较大风险。由于在项目运行过程中工程管理部门与成本管理部门通常按照各自的流程操作,对于特定情况的流程要求不一致,致使施工期间形成的签证工程量在工程管理部门确认后成本部门不认可。特别是对于那些因抢工期需要,事前未能立即签证的费用,事后补签时成本部门往往不予认可。

三、合同风险

所有项目的总承包合同均采用公司制定的合同范本,在"合同工程范围"条款中都有"本项目范围内的工程,均包括在承包商的范围内,包括但不仅限于承包商施工的工程、总承包管理、暂定工程、指定分包、独立分包施工的工程等。承包商需对上述范围内的工程质量、进度、安全等方面承担全部责任"的规定。这种"承包+业主项目管理"的业主掌控主动权,实际上是将质量、进度、安全的所有民事责任等绝大部分风险交由总承包企业承担,所以合同风险凸显,应该高度关注工程的合同风险。

四、管理风险

现代建筑项目的施工总承包合同,实际上构成"施工总承包工业主项目管理"为合同标的的特殊总承包合同,合同的工程范围包括:总承包施工的工程、总承包管理、暂定工程,以及业主指定供应、指定分包、独立分包施工工程的照管等。总承包商需要对上述范围内的工程质量、进度、安全等方面承担全部责任,总承包单位要按照合同规定和业主要求,全面地组织与管理这些任务的实施,带有极大的挑战性和管理风险。

项目管理中总承包施工的工程包括:土方工程、基坑支护工程、降水工程、桩基工程、地下室结构工程、主体结构工程、室内装饰工程、外装饰工程、常规水电工程和红线范围内室外雨、污水工程。总承包管理包括:建造及提供公用的临时场地和设施给各指定分包、独立分包使用；管理、配合、协调指定分包、指定供应商、独立分包的工作，并负责办理竣工验收；总承包单位协助业主办理施工许可证、质检、安检、竣工备案以及与本项目有关的其他政府手续；指定分包施工的工程，包括钢结构制作及安装工程、室内精装饰工程、防水工程、弱电工程、消防工程、通风空调工程、幕墙工程、室外泛光照明工程。供货商供材料和设备包括：供材并负责安装部分铝合金门窗或塑钢门窗、防火门、防火卷帘、防盗卷帘、入户门、人防工程门及检修门、阳台栏杆、虹吸雨水、电梯、锅炉、LED 显示屏、柴油发电机等。业主供材料和设备部分包括：外墙砖、外墙涂料、乳胶漆、空调主机、复合风管、空调末端、风机、冷却塔、水路主要阀门、卫生洁具、应急电源、动力及照明配电箱、消防报警设备、散热器、封闭母线、电缆、人造石、变压器、断路器等。甲定乙供材料、设备由承包商确定的部分，其中土建部分包括：楼梯防滑条、室外铸铁格栅盖板、屋面及外墙保温材料、防腐材料等；给水排水部分包括：管材及管件、保温材料等；电气部分：桥架、灯具、开关、插座、管材及管件、电视电话箱等。

五、对工期的影响

城市现代建筑项目承发包模式的特点，对承包方施工进度、安全生产、工程质量、成本效益都有很大的影响。对施工安全的影响由于工期紧，采用人海战术，进场劳务及专业队伍多，劳动力变动频繁，时常地会出现大量工序非常规交叉的施工现象，由此带来现场施工和一次性周转料具同步投入增加，使得施工过程安全防护的难度加大，工程存在安全隐患。由于开工时行政手续尚不完备，一旦在行政手续办出之前发生施工质量或安全事故，将对承包企业造成极大的被动和很坏的社会影响。

六、对工程质量的影响

由于施工图纸提交滞后，承包方审核时间短，方案论证技术准备时间仓促，现场施工管理人员对图纸的了解深度不够，存在技术质量隐患。频繁的赶工往往使工序之间合理的工艺间歇时间几乎为零，对保证工程质量产生不利的影响。施工后期进场装修队伍的素质良莠不齐，装修过程对先前施工成品的保护及装修施工质量方面都可能产生不利影响。

七、对工程成本的影响

现代建筑项目的大商业建筑多是 3 ~ 5 层，且单层面积大，一般 4 ~ 6 万 m^2，施工技术要求高，包括高支模、钢结构等，周转材料和施工模具的一次性投入数量大，分摊次数少，以及相应的倒运费及损耗增加导致施工成本增加。为保工期、抢工及交叉施工时材料浪费也较为严重。特别是为了实现工期目标而赶工，造成短期内要组织大量的操作工人进场突击，使赶工费用大大提高。在施工现场临时设施配置方面，总承包单位必须按照业主规定的质量要求配置，如满足对临建的防火、施工人员的住宿条件等要求，这也造成了总承包商相关投入的增加。

由于项目的特殊性，项目管理费用和临时设施费用分摊较低，特别是塔吊、外用电梯等设备租用期短，这都对项目成本产生影响。总承包管理费不足也是影响工程成本的主要因素之一。通常在现代建筑项目中，业主指定分包单位较多，队伍素质参差不齐。总承包单位有责无权，管理难度非常大，施工水电费、分包履约保证金等费用的收取十分困难。另外，根据合同约束，总承包服务费含于措施费中，属于包干价，无论实际分包价是多少，在今后的施工期间均不予变更，工程的实际分包金额往往会高于投标的金额，致使总承包管理的实际成本增加。

第三节　现代建筑工程项目实施的意义

现代建筑项目总承包的意义在于风险与机遇同在，这是当今企业生产经营的客观规律。现代建筑建设项目对于工程总承包企业而言，虽然极具挑战性、风险和压力大，但实践证明其对于大型建筑企业能够带来非常有利的发展机遇，也能充分发挥大型建筑企业的综合优势，具体体现在：

一、适应市场需求升级的挑战

建设单位是工程建设的原动力，现代建筑建设项目的出现反映了随着社会经济的发展、科学技术的进步、城市化的发展和人们需求观念的变化，现代建筑企业作为建筑产品的生产者与经营者，越来越面临着市场需求升级的巨大挑战。在剧烈竞争的市场环境中，建设单位和承包商在双向选择中，建设单位总是处于有利甚至强势的地位，而承包商只有不断提升自己的技术和管理实力才有可能在竞争中发展自己。在经济全球化、信息化和知识经济蓬勃发展的新历史发展时期，建筑施工企业从事的工程建设已不再是传统的、单一的建筑土木工程产品的生产，而是建筑产品和诸多新技术产品应用于工程实体中的现代建设工程的集成化大生产。

这种大生产模式的运行，同时又具备建筑产品生产的最基本特点，即在特定的空间位置和时间序列中进行生产流程设计、资源配置和系统的组织管理，这一任务只有具备承包能力的建筑企业才能胜任。

上述宏观要求及挑战将促使建筑企业全方位培育自己的总承包能力，主要体现在：建筑施工高新技术和机电设备安装施工能力；承担或参与设计优化以及对设计与施工的协调能力；建设项目管理全面组织、指挥与协调、沟通能力；项目资源优化配置与动态管理能力；项目群施工进度统筹规划与总工期控制能力；施工安全、质量控制与环境管理能力；

项目经济运行、成本与效益管理能力；项目合同管理与风险管理能力和项目管理信息化、数据化能力等综合实力的较量。

二、搭建工程总承包的新平台

住房和城乡建设部在历经 20 多年建设管理体制改革，在全面推行建设项目业主责任制、工程招标承包制、建设工程项目管理和监理制的基础上，颁布了《关于培育和发展工程总承包企业的指导意见》。文中指出工程总承包是指总承包企业受业主委托，对建设工程实施的全过程或若干阶段的工作进行承包，并就工程质量、进度、安全等目标对业主全面负责。建设部的指导意见强调的是建筑企业生产经营的功能，由原先的工程施工承包，向两端延伸，包括工程勘察设计、采购、施工安装、试运行等全过程各个阶段，进行建筑产品产业链的集成或整合。实质上这种产业链的整合，只有在到达一定的深度和广度时，才会将企业的经营力提升到一个新的高度。包括国外的"设计—采购—施工"总承包（EPC）、"设计—建造"总承包（DB）模式，对于一般的规模小、技术含量不高的工程项目，许多建筑企业特别是大中型建筑企业，生产技术和管理经验积累到一定程度，都是有可能达到这种总承包能力的。

住房和城乡建设部指导意见的深层意义在于培育和发展具有与国际一流承包商在竞争能力上可以相抗衡的总承包企业，把我国整个建筑业做强做大。因此，一般的大中型建设工程能为建筑企业提供总承包能力培育和发展的平台，但毕竟是传统意义上的工程总承包，是一般生产价值链的整合与延伸。而这类现代建筑建设项目总承包是一种特大型建设项目施工总承包与业主方建设管理职能相叠加的总承包新模式，为建筑企业工程总承包能力的培育和提升，提供更广阔更有高度的实践平台，并且利用这一平台，还有利于大型建筑企业与具备强大资本运作能力的大发展商、大开发商之间，逐步建立起互信互利的联盟伙伴合作关系，甚至构建合伙走出国门到海外投资进行现代建筑建设的发展战略。

三、提升建筑产品管理的品牌效应

打造群体工程项目管理品牌，建设现代建筑项目是我国城市化过程，城市旧区改造和新城区建设发展的一条新路，它能满足现代城市生产生活需求。综合功能配套较为完善的群体建筑工程项目的整体总承包对建筑企业而言，固然能大幅度增加营业额，但在业主对工期要求和进度考核相当苛刻的情况下，要想获得项目成功，全面实现企业预期的工程质量、施工安全、成本效益目标，需要经过艰苦不懈的努力才能达到。在这个过程中承包企业将通过成功经验和挫折教训，使总承包项目管理水平提升到一个新的高度，打造出大型群体建筑工程总承包项目管理品牌，培育和锻炼出一支适应高难度项目管理的团队。这种品牌的项目管理团队将成为企业的无形资产，并且持续地发挥着企业在国内外建筑市场中的核心竞争力作用。

　　因此，现代建筑工程尽管有许多难点和风险，但只要勇于面对、用心经营、科学管理，最终获得项目成功仍然是可能的，且对企业、行业和社会做出贡献，具有现实而长远的意义。

第二章　现代建筑工程的组织与施工准备

第一节　现代建筑工程的项目组织

项目组织是现代建筑工程项目实施的前提，现代建筑项目具有群体多、工期紧、体量大、投入大等特点，必须建立总承包管理组织体系，由总承包项目部负责整个工程建设中总承包管理的组织与协调。

一、总承包部组织机构

根据现代建筑项目特点和管理要求，应在总承包合同签订 20 天内，由施工企业人力资源部参照总承包组织机构图组建总承包管理组织机构，设立总承包项目部负责整个工程的总体部署和总承包管理。总承包项目部一般设"八部一室"：工程管理部、技术质量部、安全环境部、机电安装部、商务合约部、物资设备部、深化设计部、综合办公室和总平面管理部，如下图 2-1 所示，各个业务部门由生产经理、项目总工、商务经理、安装经理分别管理并履行总承包管理职责。

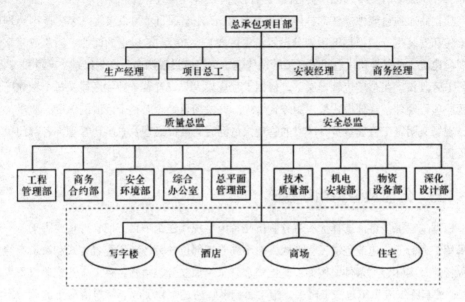

图 2-1 现代建筑项目总承包管理组织体系

在这个组织架构中需要说明的是，机电安装部门和区段项目经理部（包括图 2-1 所示的写字楼、酒店、商场和住宅），前者属于专业领域管理，即该部门负责整个城市现代建筑建设项目及其各子项目工程范围内所有上下水工程、强电弱电工程、通风空调工程等机电设备安装的施工与管理；后者是区段项目经理部承担子建设项目管理，属分块项目管理。两者共同形成在其他职能部门支撑下的条块结合、交叉衔接、以块为主、专业穿插的系统运作方式。

总承包部各部门的职能分工如下：（1）工程管理部，包括总进度计划及各专业施工进度计划管理、现场生产管调等；（2）合约预算部，包括商务合约、法务管理、工程计量和预结算管理；（3）安全环境部，包括现场设备管理、安全管理、环境管理和绿色施工管理；（4）综合办公室和总平面管理部，包括外部协调、对外事务、后勤管理、行政文件管理；（5）技术质量部，包括技术管理、文档管理、质量管理等；（6）机电安装部，包括通风空调、给水排水、电气设备及智能化等专业施工与管理；（7）物资设备部，包括物资采购、设备租赁和材料采购；（8）深化设计部，包括各专业深化设计管理、设计进度与施工及 BIM 管理等。

二、区段项目设置

在总承包项目下按照现代建筑开发项目的工程构成，按工程类型或区段划分设若干区段项目经理部。一般划分为大商业、写字楼、宾馆酒店、住宅等区段经理部，经理部成员由区段项目经理、副经理、项目总工等组成区段项目管理小班子，具体的管理业务由总承包部的各职能部门安排人员，实行区段项目矩阵式管理模式。

独立商业项目或独立住宅群体项目（30 万 m² 左右项目）可以设置一名生产副经理负责土建和安装生产，根据区段划分设置若干区段长。30 万 m² 以上的商业、酒店或写字楼的现代建筑，或商业和住宅同时开工的现代建筑项目宜设置两名生产副经理（土建和安装）及若干区段长。在总承包管理层下，根据工程规模大小设置若干独立区段，每个独立区段没区段项目经理，管理模式采用矩阵式管理。区段项目经理对整个区段的进度、质量、安全、现场文明施工管理负责，区段的管理人员同时对区段经理及总承包管理部各部门负责人负责。

三、分包及劳务组织模式

根据工程规模特征选择优质劳务队伍是特大型现代建筑项目工期管理重要因素，一般拟采用扩大劳务分包或包清工等形式，而不同施工部位的劳务队伍配置方式和数量应符合工程特点及实际施工条件，例如：基坑降水宜采用独立分包模式，且土方开挖单位不少于 2 家；桩基施工应采用包清工模式，施工面积不宜超过 1.5 万 m²，浇筑混凝土的总量不宜超过 2 万 m³；主体结构施工阶段，由于工程体量大，施工队伍的选择不宜少于 3 家且每个施工队伍的施工建筑面积不宜大于 10 万 m²；二次结构施工要求每个施工单位的施工建筑面积不宜超过 5 万 m²；住宅不超过 2 栋，且宜采取包清工的劳务分包模式。

优质分包及劳务选用标准，具体表现为：不熟悉的劳务分包队伍不予选用；没有实力的劳务分包不予选用；有不良记录的劳务分包不予选用；价格过低的劳务分包不予选用；没有单独参加过 2 万 m² 以上施工的劳务分包不予选用；对工人和班组工程款支付不及时的劳务分包不予选用；组织架构不完整，且管理人员配备不齐全的劳务分包不予选用；在施工过程中有肆意闹事或配合不力的劳务分包应及时清场。

四、现代建筑工程项目的策划

现代建筑工程的项目策划是由公司层面组织编制，项目经理参与而进行的项目管理策划，公司层面主管部门组织，相关业务部门（包括工程部、技术质量部、成本部、安全部、劳务部、物资设备采购部、资金管理部等）参与编制，项目经理必须亲自参加以形成《项目管理策划书》，该《项目管理策划书》应由公司生产副总负责批准实施，作为现代建筑工程项目管理的纲领性文件发至各相关业务部门和项目部，使其成为公司支持、服务于项目，并确保项目充分进行生产资料配置的依据。

现代建筑工程项目策划分两级：一级策划公司是责任主体；二级策划项目实施计划，项目部是责任主体。项目策划要点包括：以工期为主线进行全寿命周期策划；项口计划开、竣工时间及目标总工期的确定，并进行前瞻性分析；项目施工区段的划分、工程组成及其计划开、竣工时间；项目施工程序、主要施工过程的流向；施工全过程的阶段划分以及各阶段工程形象进度的节点目标；施工优化设计、进度与施工总进度协调的要求和措施；总承包单位和各分包单位协同施工的程序、安排及协调方式；主体工程及二次结构工程，设备安装和装修工程等专业施工之间的交叉与衔接；施工主辅机械设备、设施及生产、生活大型临时设施的选型、配置、数量配置原则的确定；项目盈利点、亏损点、风险点分析；周转料具的投入方案；专业分包及劳务分包现场作业人员流量；现金流量计划；结合本项目特点需要策划的其他重要事项。

现代建筑工程项目策划的主要内容包括：项目的管理目标、经济指标、项目经理的授权、项目部组织模式、项目总进度计划、现金流计划、资金使用计划、分包管理、物资采购、主要技术（工程设计和各专项施工方案）、安全方案策划、劳动力的投入、周转料具的投入、大型机械设备的投入、深化施工图设计、责任成本税收、保险、保函、临时设施、项目总平面布置及施工部署等，并最终形成《项目管理策划书》。策划书经公司生产副总批准后，公司组织各部门向总承包项目部进行交底，并指导项目部编制二级策划《项目部实施计划书》。"公司服务于项目，项目服从于公司""两套班子一台戏，追求效益最大化"，这是现代建筑工程项目成功的保障。

五、现代建筑工程项目目标责任书

现代建筑工程项目管理目标责任书应在现代建筑工程项目实施之前，由法定代表人与项目经理协商制定。其所对应的编制依据，包括：（1）项目的合同文件；（2）组织的项目管理制度；（3）项目管理规划大纲；（4）组织的经营方针和目标。其所编制的内容包括：（1）项目的进度、质量、成本、职业健康安全与环境目标；（2）组织与项目经理部之间的责任、权限和利益分配；（3）项目所需用资源的供应方式；（4）法定代表人向项目经理委托的特殊事项；（5）项目经理部应承担的风险；（6）项目管理目标评价的原则、内容和方法；（7）对现代建筑工程项目经理部进行奖惩的依据、标准和办法；（8）项目经理解职和项目经理部解体的条件及办法。

施工企业管理层应对现代建筑工程项目管理目标责任书的完成情况进行考核，按照考核结果和项目管理目标责任书的奖惩规定提出奖惩意见，并对项目经理部进行奖励或处罚。其考核的实施应严格按以下程序进行：（1）制定考核评价方案，经企业法定代表人审批后施行；（2）听取项目经理部汇报后查看项目经理部的有关资料，对现代建筑工程施工项目管理层和作业层进行调整；（3）考察已完工的现代建筑工程实体；（4）对现代建筑工程项目管理的实际运作水平进行评价考核；（5）考核完成后提出考核评价报告，同时向被考核评价的项目经理部公布评价意见，其中具体的考核指标包括：工程质量等级；工程成本降低率；工期及提前工期率；安全考核指标。而考核的定性指标包括：执行企业各项制度的情况；项目管理资料的收集、整理情况；思想工作方法与效果；发包人及用户的评价；在现代建筑工程项目管理中应用的新技术、新材料、新设备和新工艺；在现代建筑项目管理中采用的现代管理方法和手段；环境保护等。

在考核实施的过程中，现代建筑工程项目管理目标责任书考核评价的对象是项目经理部，其中，应突出对项目经理管理工作进行考核评价。项目经理部是企业内部相对独立的生产经营管理的实体，其工作的目标是确保经济效益和社会效益的提高，因此，考核内容主要围绕"两个效益"，全面考核并与单位工资总额和个人收入挂钩，而工期、质量、安全等指标要单项考核，奖罚和单位工资总额挂钩浮动。在考核机构建设方面，施工企业应成立专门的考核领导小组，由主管生产经营的领导负责，各生产经营管理部门领导均参加，每月由经营管理部门按统计报表和文件规定进行政审性考核，季度内考核按纵横考评结果和经济效果综合考核，预算工资总额，并确定管理人员岗位效益工资档次，年末进行全面考核，最终进行工资总额结算和人员最终奖罚兑现。

六、现代建筑工程项目经理责任制及实施

项目经理责任制是以现代建筑工程施工项目为对象，以项目经理全面负责为前提，以项目目标责任书为依据，以创优质工程为目标，以求得项目成果的最佳经济效益为目的，实行一次性的全过程管理，也是以项目经理为责任主体的施工项目管理目标责任制度，用以确保项目履约以及确立项目经理部与企业、职工三者之间的责、权、利关系。在现代建筑工程实施过程中所承担的作用包括：明确项目经理与企业和职工三者之间的责、权、利、效关系；有利于运用经济手段强化对施工项目的法制管理；有利于项目规范化、科学化管理和提高产品质量；有利于促进和提高企业项目管理的经济效益和社会效益。

现代建筑工程项目经理责任制的实施需要具备以下条件：（1）现代建筑工程项目任务落实和开工手续齐全，具有切实可行的项目管理规划大纲或施工组织总设计；（2）组成了一个高效、精干的现代建筑工程项目管理班子；（3）现代建筑工程施工所需的各种工程技术资料、施工图纸、劳动力配备、施工机械设备和各种主要材料等能按计划供应；（4）建立了企业级业务工作系统化管理，使施工企业具有为项目经理部提供人力资源、材料、资金、设备及生活设施等各项服务的功能。

项目经理责任制实施重点及实施的要点主要包括：（1）按照相关规定明确项目经理的管理权力，并在企业中进行具体落实形成制度以确保责权一致，实现项目经理的职责具体化、制度化；（2）必须明确项目经理与企业法定代表人是代理与被代理的关系，项目经理必须在企业法定代表人授权范围、内容和时间内行使职权，不得越权。为确保项目管理目标的实现，项目经理应有权组织指挥本工程项目的生产经营活动，调配并管理进入工程项目的人力、资金、物质、设备等生产要素，有权决定项目内部的具体分配方案和分工形式，受企业法定代表人委托有权处理与本现代建筑工程项目有关的外部关系并签署有关合同；（3）项目经理承包责任制是项目经理责任制的一种主要形式，它是指在工程项目建设过程中，用以确立项目承包者与企业、职工三者之间责、权、利关系的一种管理手段

和方法，它以现代建筑工程项目的项目经理负责为前提，以施工图预算为依据，以创优质工程为目标，以承包合同为纽带，以求得最终产品的最佳经济效益为目的，是工程项目开工到竣工交付使用的一次性、全过程施工承包管理。

七、现代建筑工程项目经理部的建立与运行

（一）项目经理部建立的原则

现代建筑工程的项目经理部是一个具有弹性的一次性施工生产组织，随工程任务的变化而进行调整，不应建设成为一级固定性的组织。在工程项目施工开始前建立，工程竣工交付使用后，项目经理部应解体。项目经理部不应有固定的作业队伍，而是根据施工的需要在企业内部或社会上吸收人员，进行优化组合和动态管理；项目经理部的人员配置应面向施工项目现场，满足现场的计划与调度、技术与质量、成本与核算、劳务与物资、安全与文明施工的需要，不应设置专管经营与咨询、研究与开展或人事等非生产性部门；根据工程项目的规模、复杂程度和专业特点设置项目经理部，如果现代建筑工程项目的专业性强，便可设置专业性强的职能部门；要根据设计的项目组织形式设置项目经理部，因为项目组织形式与企业对施工项目的管理方式有关，与企业对项目经理部的授权有关，不同的组织形式对项目经理部的管理力量和管理职责提出了不同要求，也提供了不同的管理环境。在项目管理机构建成以后，应建立有益于组织运转的工作制度。

（二）项目经理部建立的步骤及协调

现代建筑工程项目经理部的设置步骤可以分解为：（1）根据企业批准的项目管理规划大纲确定项目经理部的管理任务和组织形式；（2）确定项目经理部的层次，设立职能部门和工作岗位；（3）确定项目部的组成人员及其职责和权限；（4）由项目经理根据项目管理目标责任书进行目标分解；（5）组织有关人员制定规章制度和目标责任考核、奖惩制度。

项目经理部的运作是公司整体运行的一部分，它应处理好与业主、主管部门及外部其他各种关系，取得公司的支持和指导。项目经理部的运行只有得到公司强有力的支持和指导，才会高水平地发挥。两者的关系应秉承"大公司、小项目"的原则来建设，对大公司的要求是要把公司建设成管理中心、技术中心、信息中心、资金和资源供应及调配中心。公司有现代的管理理念、管理体系、管理办法和系统的管理制度，规范了项目经理部的管理行为和操作；公司拥有高水平的技术专业人才，掌握超前的施工技术，并形成公司的技术优势．对项目施工中遇到的技术难题能提供优选的施工方案并迅速地解决，使项目施工的技术水平有充分的保障；要求公司有多渠道的信息资源采集网络，有强大的信息管理体系，能及时为领导决策及项目施工服务；公司拥有强大的资金及资源的供应及调控能力，能保证项目的优化配置资源。因此，公司应是项目运行的强大后盾，由于公司的强大使项

目运行不会因项目经理的水平稍低而降低减弱，从而保证公司各个项目都能代表公司的整体水平。

处理好项目部与外部的关系首先要求协调好总分包之间的关系，项目管理中总包单位与分包单位在施工配合中，处理经济利益关系的原则是严格按照国家有关政策和双方签订的总分包合同及企业的规章制度实事求是地办理。协调土建与安装分包的关系，本着"有主有次，确保重点"的原则，统一安排好土建、安装施工，服从总进度的需要，定期召开现场协调会，并及时解决施工中的交叉矛盾。重视公共关系，施工中要经常和建设单位、设计单位、监理单位以及政府主管行业部门取得联系，主动争取他们的支持和帮助，充分利用他们各自的优势为工程项目服务；协调处理好与劳务作业层之间的关系，项目经理部与作业层队伍或劳务公司是甲乙双方平等的劳务合同关系，劳务公司提供的劳务要符合项目经理部为完成施工需要而提出的要求，并接受项目经理部的监督与控制。同时，坚持相互尊重、支持、协商解决问题的原则，坚持为作业层创造条件，特别是不损害作业层的利益。处理好与企业及主管部门的关系，项目经理部与企业及其主管部门的关系是：一是在行政管理上二者是上下级行政关系，又是服从与服务、监督与执行的关系；二是在经济往来上，根据企业法人与项目经理签订的"项目管理目标责任状"，严格履约并以实计算，建立双方平等的经济责任关系；三是在业务管理上，项目经理部作为企业内部项目的管理层，接受企业职能部门的业务指导和服务。

（三）现代建筑工程项目经理部运转

项目经理部运作的程序建设及有效的管理组织是项目经理的首要职责，它是一个持续过程。项目经理部的运作需要按照以下规则来进行：首先，成立项目经理部，它应结构健全，包容项目管理的所有工作，选择合适的成员且他们的能力和专业知识应是互补的，形成一个工作群体；项目经理部要保持最小规模，最大可能地使用现有部门中的人员。接着，项目成员进入项目部后，项目经理要介绍项目成员的组成，成员开始互相认识；项目经理的目标是要把人们的思想和力量集中，真正成为一个组织，使他们了解项目目标和项目组织规则，公布项目的范围、质量标准、预算及进度计划的标准和限制，然后明确和磋商经理部中的人员安排，宣布对成员的授权，指出权力使用的限制和注意问题，对每个成员的职责及相互间的活动进行明确定义和分工，使每个人知道各岗位有什么责任、该做什么、产生什么结果、需要什么，制定或宣布项目管理规范、各种管理活动的优级关系、沟通渠道。随着项目目标和工作逐步明确，成员们开始执行分配任务并开始缓慢推进工作，项目管理者应有有效的符合计划要求的、上层领导能积极支持的项目计划。由于任务比预计的更繁重、更难，成本或进度计划的限制可能比预计更紧张，因此会产生许多矛盾，要求项目经理与成员们一起参与解决问题，共同做出决策。项目经理应能接受和容忍成员的任何不满，积极解决矛盾，而决不能通过压制来使矛盾自行消失；应创造并保持一种上佳的工作环境，激励成员朝预定的目标共同努力，鼓励每个人都把工做得很出色。

随着现代建筑工程项目工作的深入，各方应互相信任，进行很好的沟通和交流，形成和谐的相互依赖关系，但项目经理部成员经常变化，过于频繁的流动不利于组织稳定、形成凝聚力，从而造成组织摩擦增大，将会导致效率低下，所以必须不断地积累项目工作经验，使项目管理工作专业化；项目组成员若为老搭档，彼此适应且协调方便，较容易形成良好的项目文化。为了确保项目管理的需求，对管理人员应有一整套招聘、安置、报酬、培训、提升、考评计划，应按照管理工作职责确定应做的工作内容，根据所需要的才能和背景知识，以此确定对人员的教育程度、知识和经验等方面的要求，若预计到拥有这种高能力要求的困难性，在招聘新人时则应给予充分的准备时间进行培训。

第二节　现代建筑工程项目的施工准备

一、施工部署

现代建筑工程项目应按照合同条件要求，在管理上兼有协调设计、照管业主、独立分包的义务，基于该特点总承包项目部必须兼顾业主项目管理的职能，其实质上是"施工总承包十业主的项目管理"，把业主指定分包、独立分包的施工内容全部纳入施工总体部署范畴，进行项目总体策划。总承包项目部的部署，应按照先策划、后计划、再部署的基本程序进行，并在总承包合同签订后 10～15 天内完成项目总体策划。

二、施工部署的实施（计划）

根据现代建筑工程的《项目管理策划书》与总承包项目经理签订《项目管理目标责任书》，项目经理部要站在总承包的高度和业主的角度统领全局、统筹部署、统一安排。根据《项目策划书》和《目标责任书》组织项目管理人员进一步深化和细化具体内容，编写完成《现代建筑工程项目部实施计划书》。在开工之前，项目部对项目管理进行周密的策划，包括施工组织设计、劳务队伍的选择、工期策划、项目现金流策划、方案的确定和机械设备的准备、大宗材料的招标、图纸、技术资料的准备以及现场平面布置等策划。实施计划书应由总承包项目经理主持，项目总工程师、土建施工经理、设备安装经理等项目主要管理人员共同编制《项目部实施计划书》，是作为公司内部实施的操作性文件。《项目部实施计划书》由总承包项目经理组织向所有管理人员进行全面交底，为项目全面有序的施工作业明确职责、任务和管理要求，进行总体部署、平面布置、垂直运输、群塔布置及施工准备工作。

（一）施工区、段的部署

现代建筑工程的每个施工区建筑总面积不宜超过 10 万 m²，每个施工区至少配置一个劳务队。施工区划分必须结合塔吊布置方案，每个施工区的每个区段面积不宜超过 1200 m²，每个施工区内施工段不宜超过 6 个，且施工区划分时必须考虑二次分区的可能。

（二）施工总平面的布置

现代建筑工程项目红线内场地十分有限，各工序根据现场情况穿插作业，并保持运输线路畅通，从而保证进出场材料流畅，满足各专业队伍正常施工，并且对现场平面管理进行动态控制。总平面布置一般可分为五个阶段，即土方施工阶段、基础工程施工阶段、主体结构施工阶段、安装与装饰施工阶段、室外整体施工阶段。工人生活区根据现场情况采用就近租赁成品楼房或租赁场地搭设临时设施的形式。现场搭设临时设施不能影响施工区域、加工场地以及主要道路。项目部办公区、生活区、施工区划分避免设置在结构施工范围内，尽可能布置在设计规划的室外广场区域，减少后期多次拆移。钢筋加工场地布置不能影响现场交通，根据施工现场情况可以采取钢筋全部外加工或部分外加工的形式。临时供电变压器位置要分散布置，尽可能采用箱式变压器、电容补偿柜等设备，这样可节省有功电流的损耗。高压进线一定要埋地，达到施工场地占用量最小化的目的。科学合理地设置现场出入口可以保证车流、物流、人流不交叉。尽可能地保证基坑周围形成环形道路，且与主要干道连接，至少要保证相邻出入口道路畅通，避免只留一条道的情况。在项口周围租赁临时场地，可以作为材料备用场地和周转材料退场的中转场地。施工道路及水电管网的布置要求对现场的水源、电源及排水设施进行交接，并根据工程特点、现场实际情况和施工需要做好现场平面规划，按此进行现场临建的搭设和临时用水用电管线的布置。主体施工：阶段地下室模板拆除、倒运或退料的同时要进行室外回填和地下室砌筑工程、机电安装工程、消防工程的施工，平面布置既要考虑施工的阶段性，也要考虑连续性。

（三）垂直运输的设置

垂直运输部署的重点是群塔布置、人货电梯的设置，塔吊选型应尽可能一致，且性能良好，宜采用成品标准节进行顶升，坚决不选用散件拼装，以此保障主体施工期间的正常使用。塔吊布置要全面覆盖以减少盲区，现代建筑工程中写字楼区域必须独立配置 1 台，若采用钢模施工要求每栋 1 台，如果采用木模施工，则根据工期及单层建筑面积的情况可以 2 栋配置 1 台。材料运输应尽可能地避免二次倒运，如需周转时周转塔吊布置应避免使用塔楼的塔吊，基坑内塔吊基础应采用格构柱形式，保证土方开挖前塔吊能够投入使用，这样既保证土方开挖的连续性也能保证下道工序的施工功效。在施工电梯的布置、维修及使用方面，施工电梯必须在一层结构拆模后即开始安装，确保二层结构的施工。施工电梯最晚拆除时间应早于竣工前两个月，拆除后及时对电梯连接处进行修补。施工电梯拆除前应保证室内电梯至少有两部可以投入使用以确保物资的垂直运输。根据装饰工程量的大小及装饰时间的长短,可适当增加施工电梯的数量以保证装饰阶段的垂直运输。室内施工电梯必须由项目部安排人进行管理,管理人员必须每天提前做计划表,合理分配电梯的使用时间,充分发挥电梯的垂运功效。各单位运输材料,特别是大批量材料必须提前向项目部垂直运输管理人员申请,管理人员根据工程总体计划予以安排。

(四)施工用外吊篮的布置

现代建筑工程外用吊篮必须在屋面工程施工后才能将吊篮搭设到屋面位置,裙楼位置由于外装工期紧,屋面工程来不及施工,可以提前在屋面搭设吊篮位置处先施工部分吊篮支座基础,要求为高出屋面200mm左右的混凝土基础以确保不影响屋面防水的施工。

三、研究调查准备

(一)施工准备的指导思想

针对现代建筑项目中"三边"工程隐患,总承包项目部应以工期为主线,使资源配置投入到位,应有前瞻性和预见性地考虑施工过程中的诸多不确定性因素,做好全方位的施工准备工作,特别是对地质条件、工期安排、资金投入等因素进行前瞻性的分析与研究,施工中既要考虑施工的阶段性又要考虑施工过程的连续性,从而确保对资源配置进行合理的统筹安排。

(二)施工条件的调查

现代建筑工程施工前必须熟练掌握现场条件,主要包括:进行项目策划和编制《项目部实施计划》;及时了解业主的管控计划从而确定该项目的工期管控要点,掌握工程各阶段的工期目标,并准备主要施工资源;了解和掌握本地区行业和地方政府相关政策、法律法规及标准要求;收集本工程勘测单位或设计院的地质勘查资料;收集周边同类工程的地质、水文等相关资料并进行分析;联合业主收集周围地质环境和本场区内的原始资料;熟悉本地区的人文环境、自然环境和市场环境。

(三)施工定额值指标的参考

结合对现代建筑工程项目的调研和统计,总结主要施工的经验数据,作为施工定额的参考,以便施工现场管理人员安排施工任务,其结果如表2-1—表2-4所示;现代建筑项目资源配置平方米含量如表2-5所示。

表2-1　现代建筑工程地基与基础工程主要施工定额

序号	项目	施工定额	
1	土方开挖(200机型)	1000	m^3/(台·天)
2	土方开挖(320机型)	1200	m^3/(台·天)

【续　表】

序号	项目	施工定额	
3	灌注桩（水钻）	2 ~ 3	根 /（20 ~ 30 m·天）
4	灌注桩（冲击钻）	0.6	根 /（18m·天）
5	灌注桩（旋挖钻）	3	根 /（20 m·天）
6	灌注桩（回转钻）	2 ~ 3	根 /（20 m·天）
7	灌注桩（磨盘机）	1 ~ 2	根 /（40 ~ 60 m·天）

表 2-2　现代建筑工程主体结构主要施工定额

序号	项目	施工定额	
1	钢筋	0.5 ~ 0.8	t /（人·天）
2	钢筋（基础底板—2 m）	0.85 ~ 1.2	t /（人·天）
3	钢筋（基础底板—2 m）	1.5 ~ 1.8	t /（人·天）
4	钢筋（标准层—梁）	0.5	t /（人·天）
5	钢筋（标准层—板）	0.3	t /（人·天）
6	模板	15 ~ 20	m^3 /（人·天）
7	柱模板	18 ~ 20	m^3 /（人·天）
8	墙模板	30 ~ 40	m^3 /（人·天）
9	板模板	40 ~ 50	m^3 /（人·天）

表 2-3　现代建筑工程装饰装修主要施工定额

序号	项目	施工定额	
1	砌体（居住部分）	2.5 ~ 3.0	m^3 /（人·天）
2	砌体（商业部分）	3.0 ~ 3.5	m^3 /（人·天）
3	抹灰（居住部分）	35 ~ 40	m^3 /（人·天）
4	抹灰（商业部分）	40 ~ 50	m^3 /（人·天）
5	抹灰（室内）	20 ~ 30	m^3 /（人·天）
6	抹灰（外墙）	30 ~ 40	m^3 /（人·天）
7	墙砖（卫生间）	15 ~ 18	m^3 /（人·天）
8	地砖（大空间）	30 ~ 40	m^3 /（人·天）
9	地砖（楼梯间）	15 ~ 20	m^3 /（人·天）
10	地砖（卫生间）	15 ~ 20	m^3 /（人·天）

【续　表】

序号	项目	施工定额	
11	吊顶板	145 ~ 155	m³／（人·天）
12	吊顶的吊杆及龙骨	30 ~ 40	m³／（人·天）
13	楼梯栏杆和扶手	90 ~ 130	m³／（人·天）

表2-4　现代建筑工程中专业主要施工定额

序号	项目	施工定额	
1	玻璃幕墙	2 ~ 3	m³／（人·天）
2	石材幕墙	8 ~ 312	m³／（人·天）
3	幕墙电梯收口	40 ~ 50	m³／（人·天）

表2-5　现代建筑工程资源配置平方米含量一览表

序号	项目	主要材料/m² 含量			地下结构阶段混凝土（m³）	裙房机构阶段混凝土（m³）	塔楼施工阶段每人浇筑 1m³ 混凝土	
		钢材（kg）	混凝土（m³）	模板（m²）			竖向钢模（kg）	竖向木模（kg）
1	住宅区	78.35	0.67	3.92	0.21	0.27	0.29	0.40
2	酒店区	96.78	0.55	2.22	0.20	0.47	—	0.38
3	大商业	81.20	0.54	2.21	0.17	0.27	0.23	0.28
4	写字楼	65.67	0.39	2.20	0.18	—		0.45

序号	项目	地下结构			裙房机构			塔楼		
		钢材（kg）	混凝土（m³）	模板（m²）	钢材（kg）	混凝土（m³）	模板（m²）	钢材（kg）	混凝土（m³）	模板（m²）
1	住宅区	156.00	1.20	2.27	78.60	0.75	3.55	54.50	0.45	3.50
2	酒店区	176.35	1.15	2.55	83.60	0.40	2.65	62.40	0.35	2.25
3	大商业	154.65	1.25	2.55	58.45	0.36	2.10	55.50	0.32	2.05
4	写字楼	151.90	1.25	2.70	51.30	0.35	2.15	59.50	0.35	2.05

（四）人力资源准备

　　人力资源管理计划是工程项目施工期限得以实现的重要保证，对其进行编制时应有如下要求：准确计算工程量和施工期限。劳动力管理计划的编制质量，不仅与计算的工程量准确程度有关，而且与工程期计划得是否合理有着直接的关系，工程量计算越准确，工期越合理，劳动力使用计划才能越合理。根据工程的实物量和定额标准分析劳动需用总工日来确生产工人、工程技术人员、徒工的数量和比例以便对现有人员进整、组织、培训，来保证现场施工的人力资源。保持劳动力均衡使用，如果劳动力使用不均衡，不仅给劳力调配带来困难，还会出现用工需求高峰，同时也增加了劳动力的成本，还会带来住宿、交通、饮食、工具等方面的问题。

人力资源配备计划阐述人力资源以何种方式加入和离开项目小组，人员计划可能是正式的，也可能是非正式的，可能是十分详细的，也可能是框架概括型的。在编制过程中应考虑外部获取时的招聘惯例、招聘原则和程序等制约因素，通过人力资源需求计划来确定现代建筑工程项目人力资源的需要量，是人力资源管理计划的重要组成部分，它不仅决定人力资源的招聘、培训计划，而且直接影响其他管理计划的编制。人力资源需求计划要紧紧围绕施工项目总进度计划的实施进行编制，因为总进度计划决定了现代建筑工程项目中各个单项（位）工程的施工程序及延续时间和人数，它是经过组织流水作业，去掉劳动力高峰及低谷，反复进行综合平衡以后得出的劳动力需要量计划，反映了计划期应调入补充、调出的各种人员变化情况。确定劳动力的劳动效率是劳动力需求计划编制的重要前提，只有确定了劳动力的劳动效率，才能制订出科学合理的计划。工程施工中，劳动效率通常用"时间"或"消耗量／单位工作量"来表示。在一个工程中，分项工程量一般是确定的，它可以通过图纸和工程量清单的规范的计算得到，而劳动效率的确定却十分复杂。在建工程的劳动效率可以在《劳动定额》中直接查到，它代表社会平均先进的劳动效率。但在实际应用时，必须考虑到具体情况，如环境、气候、地形、地质、工程特点、实施方案的特点、现场平面布置、劳动组合等，应进行合理调整。

在编制劳动力需要量计划时，由于工程量、劳动力投入量、持续时间、班次、劳动效率、每班工作时间之间存在一定的变量关系，因此，计划中要注意它们之间的相互调节。在现代建筑工程项目施工中，经常安排混合班组承担一项分包工作任务时，不仅要考虑整体劳动效率，还要考虑到设备能力和材料供应能力的制约以及与其他班组工作的协调。

人力资源配置计划编制的内容包括：研究制定合理的工作制度与运营班次，根据类型和生产过程特点，提出工作时间、工作制度和工作班次方案；研究员工配置数量，根据精简、高效的原则和劳动定额确定出配备各岗位所需人员的数量，进行技术改造项目需优化人员配置；研究确定各类人员应具备的劳动技能和文化素质；研究测算职工工资和福利费用；研究测算劳动生产率；提出员工选聘方案，特别是高层次管理人员和技术人员的来源和选聘方案。

人力资源配置计划编制方法主要包括：按照组织机构职责范围、业务分工计算管理人员的人数；按劳动效率计算定员，根据生产任务、生产人员的劳动效率计算生产定员人数；按比例计算定员，按服务人数占职工总数或者生产数量的比例计算所需服务人员的数量；按岗位计算定员，根据设备操作岗位和每个岗位需要的工人数计算生产定员人数；按劳动定额定员，根据工作量或生产任务量，按劳动定额计算生产定员人数；按设备计算定员，即根据机器设备的数量、工人操作设备定额和生产班次等计算生产定员人数。

　　在决定人力资源配置时应考虑劳动生产率，而影响劳动生产率的因素有两种，即内部因素和外部因素。一般来说，外部因素是一个企业所无法控制的因素，如立法、税收、各种相关政策等，这些外部因素对不同的现代建筑工程项目施工来说其影响程度基本相同，是非主要考虑的方面。在制订劳动生产率计划时，对那些可以控制的内部因素应加以充分考虑，而影响劳动生产率的内部因素主要包括：劳动者水平，包括经营者的管理水平，操作者的技术水平，劳动者的觉悟水平即劳动态度等；施工企业的技术装备程度，如机械化施工水平，设备效率和利用程度等；劳动组织科学化、标准化、规范化程度；劳动的自然条件和企业的生产经营状况等。劳动生产率的提高，就是要求劳动者更合理更有效率地工作，尽可能少地消耗资源，尽可能多地提供产品和服务，提高劳动生产率最根本的是使劳动者具有高智慧、高技术和高技能。真正的劳动生产率提高，不是靠拼体力来增加劳动强度，这样做只能导致生产率的有限增长，而提高劳动生产率的主要途径包括：提高全体员工的业务技术水平和文化知识水平，充分地提高能力；加强思想政治工作，提高职工的道德水准，搞好企业文化建设，增加企业凝聚力；提高生产技术和装备水平，采用先进施工工艺和操作方法，提升施工机械化水平；不断改进生产劳动组织，实行先进合理的定员和劳动定额；改善劳动条件，加强劳动纪律以及有效地使用激励机制。

　　在编制劳动生产率计划时，应详细考虑近期劳动生产率实际达到的水平，同时分析劳动定额完成情况，存总结经验教训的基础上提出改革措施，科学地预计每年劳动生产率增长的速度，客观地编制劳动生产率计划，如表2-6所示：

表2-6　现代建筑工程项目某年度劳动生产率计划

项目	计算单位	2013年（上年度）完成	2013年（本年度）完成	本年度计划预计完成（％）
一、×××单位工程劳动生产率				
二、×××单位工程劳动生产率				
全员劳动生产率				
单位工程工作量				
生产工人劳动生产率				
三、现代建筑项目劳动生产率				
建筑安装工作总量				
全部职工平均人数				
建筑工人平均人数				
全员劳动生产率				
建筑工人劳动生产率				
四、……				

　　劳动力优化配置的目的是保证生产计划或施工项目进度计划的实现，在考虑相关因素

变化的基础上，合理配置劳动力资源，使劳动者之间、劳动者与生产资料和生产环境之间，达到最佳的组合，使人尽其才，物尽其用，时尽其效，不断地提高劳动生产率，降低工程成本。就企业本身来讲，人力资源配置的依据是人力资源需求计划，企业的人力资源需求计划是根据企业的生产任务与劳动生产率水平计算的，就现代建筑工程项目而言，人力资源的配置依据是施工进度计划，还要考虑相关因素的变化，即要考虑生产力的发展、技术进步、市场竞争、职工年龄结构、知识结构、技能结构等因素的变化。

对人力资源进行优化配置时应以高效、双向选择和竞争择优为原则，同时，还需满足以下要求：（1）结构合理，所谓结构合理是指在劳动力组织中的知识结构、技术结构、年龄结构、体能结构、工种结构等方面，与所承担生产经营任务要相适应，能满足施工和管理的需求；（2）数量合适，根据工程量的大小和合理的劳动定额并结合施工工作面的大小确定劳动者的数量，要做到在工作内能满荷工作，防止"三个人的活五个人干"的现象；（3）素质匹配，主要是指劳动者的素质结构与物质形态的技术结构相匹配，劳动者的技能素质与所操作的设备、工艺技术的要求相适，劳动者的文化程度、业务知识、劳动技能、熟练程度和身体素质等能胜任所担负的生产和管理工作；（4）协调一致，指管理者与被管理者、劳动者之间，相互支持、相互合作、相互尊重、相互学习，成为具有很强凝聚力的劳动群体；（5）效益提高，这是衡量劳动力组织优化的最终目标，一个优化的劳动力组织不仅工作上实现满负荷、高效率，更重要的是要提高经济效益。

在人力资源优化配置中，应在人力资源需求计划的基础上再具体化，防止漏配，必要时根据实际情况对人力资源计划进行调整。如果现有的人力资源能满足要求，配置时应贯彻节约原则，如果现有劳动力不能满足要求，项目经理部应向企业申请加配，或在企业经理授权范围内进行招募，也可以把任务转包出去。如果在技术或其他素质上现有人员或新招收人员不能满足要求，应提前进行培训，再上岗作业。培训任务主要由企业劳务部门承担，项目经理部只能进行辅助培训，即临时性的操作训练或试验性操作，进行劳动纪律、工艺纪律及安全作业教育等。配置劳动力时应积极可靠，让工人有超额完成的可能以获得奖励，进而激发出工人的劳动热情，尽量使作业层正在使用的劳动力和劳动组织保持稳定以防止频繁调动。当在用劳动组织不适应任务要求时，应进行劳动组织调整，并应敢于打乱原建制进行优化组合。最后，为保证现代建筑工程作业的需要，工种组合、技术工人与壮工比例必须适当、配套，同时尽量使劳动力均衡配置以便于管理，使劳动资源强度适当以达到节约的目的。

五、材料资源准备

现代建筑工程的材料计划管理是指运用计划手段组织、指导、监督、调节材料的采购、供应、储备、使用等一系列工作的总称。项目经理部应及时向企业物资部门提供主要材料、大宗材料需用计划，由施工企业负责采购。现代建筑工程项目材料需用计划一般包括整个工程项目（或单位工程）和各计划期（年、季、月）的需用计划，需用计划应根据工程项目设计文件及施工组织设计编制，反映所需的各种材料的品种、规格、数量和时间要求，是编制其他各项计划的基础，而准确确定材料需要数量是编制材料计划的关键。

确定材料需用量是编制材料计划的重要环节，是搞好材料平衡、解决供求矛盾的关键。因此，在确定材料需用量时需坚持实事求是的客观原则，力求全面正确地来进行采购。确定需用量要注意运用正确的方法。由于各项需求特点的不同，其确定需用量的方法也不同。根据各工程项目计算的需用量，进一步核算实际需用量。确定实际需用量，编制材料需用计划。核算的依据有以下方面：对于一些通用性材料，在工程进行初期考虑到可能出现的施工进度超期因素，一般都略加大储备，其实际需用量就略大于计划需用量；对于一些特殊进料，计划需用量只是一次购进，其实际需用量要大大增加；在工程竣工阶段，因考虑到完工要清理场地，防止工程竣工材料积压，一般是利用库存控制进料，这样实际需用量要略小于计划用量。

材料总需用量计划进行编制时，其主要依据是项目设计文件、项目投标书中的《材料汇总表》、项目施工组织计划、当期物资市场采购价格及有关材料消耗定额等。计划的编制步骤可分为四步，具体情况如下：（1）计划编制人员与投标部门进行联系，了解工程投标书中该项目的《材料汇总表》；（2）计划编制人员查看经主管领导审批的项目施工组织设计，了解工程工期安排和机械使用计划；（3）根据企业资源和库存情况，对工程所需物资的供应进行策划，确定采购或租赁的范围，根据企业和地方主管部门的有关规定确定供应方式；（4）了解当期市场价格情况，进行具体编制，其现代建筑工程材料总量供应计划表如表 2-7 所示：

表 2-7　现代建筑工程材料总量供应计划表

序号	材料名称	规格	单位	数量	单价	总金额	供应方式	供应单位

指标时间：　　　　制表人：　　　　审核人：　　　　审批人：

对于材料计划期（季、月）需求计划的编制，按计划期的长短，工程项目材料需用计划可分为年度、季度计划，相应的计划期计划以季度、月度计划应用较为频繁，故一般多指季度或月度材料需用计划。计划期计划主要是用来组织本计划期（季、月）内材料的采购、订货和供应等，其编制依据主要是施工项目的材料计划、企业年度方针目标、项目施工组织设计和年度施工计划、企业现行材料消耗定额、计划期内的施工进度计划等。确定计划期（季、月）内材料的需用定额中各分部、分项工程量获取相应的材料消耗定额，求得各分部、分项的材料需用量，然后再汇总，求得计划期各种材料的总需用量。

编制步骤季度计划是年度计划的滚动计划和分解计划，编制好年度计划是编制好季度计划的基础，年度计划是物资部门根据企业年初制定的方针目标和项目年度施工计划，通过套用现行的消耗定额编制的年度物资供应计划，成为企业控制成本并编制资金计划和考核物资部门全年工作计划的依据。月度需求计划是由项目技术部门依据施工方案和项目月度计划编制的下月备料计划，也是本年、季度计划的滚动计划，多由项目技术部门编制，经项目总工审核后报项目物资管理部门。

现代建筑工程所用材料的备料计划编制步骤大致如下：（1）了解企业年度方针目标和本项目全年计划目标；（2）了解工程年度的施工计划；（3）根据市场行情，套用企业现行定额，编制年度计划；（4）根据物资备料表和特殊物质需要加工定制周期表编制材料备料计划，其表格如表 2-8 和表 2-9 所示，其所对应的材料供应计划如表 2-10 所示：

表 2-8　现代建筑工程物资备料计划表

计划编号：		项目名称：		编制依据：			第　页共　页	
序号	材料名称	型号	规格	单位	数量	质量标准	备注	

2-9　现代建筑工程所用部分特殊物资订货周期表

序号	物资名称	加工周期（天）	备注
1	国产石材	30 ~ 40	
2	进口石材	60	
3	瓷砖	25 ~ 40	
4	木质门窗	25	
5	铝合金、塑钢门窗	35 ~ 45	
6	铝木门窗	25	
7	防火门	30	
8	电梯	110	
9	其他必要材料及设备	20 ~ 40	

表 2-10　现代建筑工程材料供应计划表

编制单位：　　　　　　　　工程名称：　　　　　　　　编制日期：

材料名称	规格型号	计量单位	预计库存	计划需用量				期末库存量合计	计划供应量				供应时间
				合计	工程用料	周转材料	其他		市场采购	挖掘代用	加工自制	其他	

材料进场验收是为了划清企业内部和外部经济责任，应防止进料中的差错事故和因供货单位、运输单位的责任事故造成企业不应有的损失。材料进场验收是材料由流通领域向消耗领域转移的中间环节，是保证进入现场的物资满足工程达到预定的质量标准，满足用户最终使用，确保用户生命安全的重要手段和保证。其具体要求包括：不使用国家明令淘汰的建筑材料，不使用没有出厂检验报告的建筑材料，应按规定对有关建筑材料有害物质含量指标进行复验。严禁使用有害物质含量不符合国家规定的建筑材料，严格检测报告，按规范应复验的必须复验，无检测报告或复验不合格的应予退货，材料验收必须做到认真、及时、准确、公正、合理，对于室内环境应当进行验收，如验收不合格，则该现代建筑工程不得竣工。

材料进场时应当予以验收，其验收主要依据是订货合同、采购计划及所约定的标准，或经有关单位和部门确认后封存的样品或样本，还有材质证明或合格证等，其常用的验收方法有：（1）提料验收把关，总公司、分公司两级材料管理的业务人员到外单位及材料公司各仓库提送料，要认真检查验收提的质量、索取产品合格证和材质证明书，送到现场或仓库后，应与现场仓库的收料员或保管员进行交接验收，收料员验收把关，对地材、建材及有包装的材料及产品应认真进行外观检验，查看规格、品种、型号是否与来料相符，宏观质量是否符合标准，包装、商标是否齐全完好；（2）联合验收把关，即对直接送到现场的材料及构配件，收料人员可同现场的技术质量人员联合验收，进库物资由保管员和材料业务人员一起组织验收；（3）双控把关，为确保进场材料合格，对预制构件、钢木门窗，制品及机电设备等大型产品，在组织送料前由两级材料管理部门业务人员会同技术质量人员先行看货验收。此外，在对材料进行验收前要保持进场道路畅通，以方便运输。应把计量器具准备齐全，然后针对物资的种类、性能、特点、数量确定物资的存放地点及必需的防护措施，进而确定材料验收方式；（4）单据验收，单据验收主要查看材料是否有国家强制性产品认证书、材质证明、装箱单、发货单、合格证等，具体来说就是查看所到货物是否有合同采购计划，资质证明（合格证）是否齐全并随货行，是否有强制产品认证满足施工资料管理的需要；材质证明是否合格，能否满足施工资料管理的需要；查看材料的环保标准是否符合要求；（5）数量验收，数量验收主要是核对进场材料的数量与单据量是否一致，材料的种类不同，点数或量方的方法也不相同。对计重材料的数量验证，原则上以进货方式进行验收，以磅单验收的材料应进行复磅或监磅，磅差范围不得超过国家规范，超过规范应按实际复磅重量验收，以理论重量换算交货的材料，应按照国家验收标准的检验尺计量换算验收，理论数量与实际数量的差超过国家标准的材料作为不合格材料处理。对不能换算或抽查的材料一律过磅计重，计件材料的数量验收应全部清点件数；（6）质量验收，质量验收常包括内在质量和环境质量，材料质量验收就是保证物资的质量满足合同中约定的标准。

材料进场验收后，验收人员按规定填写各类材料的进场检验记录，如资料齐全可及时登入进料台账，发料使用。材料经验收合格后应及时办理入库手续，由负责采购供应的材料人员填写《验收单》，经验收人员签字后办理入库，并及时登账、立卡、标识。收单通常一式四份，计划员一份，采购员一份，保管员一份，财务报销一份。经验收不合格的，应将不合格的物资单独放置于不合格品区并进行标识，尽快退场以免耽搁工程。同时，做好不合格品记录和处理情况记录。对已进场的材料，若发现质量问题或技术资料不齐时，收料员应及时填报《材料质量验收报告单》并报上一级主管部门以便及时处理，暂不发料并原封妥善保管。

六、施工机具及技术准备

（一）施工机具准备

现代建筑工程所需的施工机械设备的需求计划主要用于确定施工机具设备的类型、数量、进场时间，可据此落实施工机具设备来源并组织进场。将工程施工进度计划表中的每一个施工过程每天所需的机具设备类型、数量和施工日期进行汇总，即得出施工机具设备需要量计划，其施工机具设备需要量计划表如表 2-11 所示：

表 2-11 现代建筑工程所需施工机具需要量计划表

序号	施工机具名称	型号	规格	电功率（kV·A）	需要量（台）	使用时间	备注

现代建筑工程的项目经理部应根据工程需要编制机械设备使用计划，报组织领导或组织有关部门审批，其编制依据是根据工程施工组织设计。同样的工程采用不同的施工生产工艺及技术安全措施，选配的机械设备也不同，所以编制施工组织设计应考虑合理的施工

方法、工艺和技术安全措施，同时还应考虑用什么设备去组织生产才能最合理、最有效地保证工期质量和降低生产成本。机械设备使用计划一般由项目经理部机械管理员或施工准备员负责编制，所用的中、小型设备一般由项目经理部主管经理审批，大型设备经主管项目经理审批后，报组织有关职能部门审批方可实施运送。

租赁大型起重机械设备，主要考虑机械设容配置的合理性，是否符合使用和安全要求，以及是否符合资质要求，包括租赁企业、安装设备组织的资质要求，设备本身在本地区的注册情况及年检情况、操作设备人员的资格情况等。为了细化管理和克服机械使用中的混乱状况，现代建筑工程项目部应根据施工的进展情况按月、季编制机械使用计划，其中，中标工程总体使用计划如表 2-12 所示，而季度机械使用计划如表 2-13 所示：

表 2-12　中标工程总体使用计划表

工程名称		所在省市		总工作量	
工期		主体工程内容			
序号	机械名称	规格	计划使用日期	来源	计划台数

表 2-13　季度机械使用计划表

序号	机械名称	规格	施工计划			需要数量（台）				调配（台）		
			作业名称	数量	计划台班	季度均需要量	月	月	月	现有	调入	调出

（二）技术准备

根据现代建筑项目经常出现的项目图纸不到位或图纸变更量大、技术方案不及时、不合理，资源相对不足等特点，项目部技术管理人员要足额配置，项目总工程师要具备统筹全局的技术管理水平，独立配置土建、安装方案编制技术人员，专职技术管理人员应遵守每 10 万 m^2 配置 1 人的原则。

现代建筑工程技术管理的重点包括：参与各工序施工技术的设计优化及论证，确定合理工期方案；根据工程具体情况编制计划，包括：技术文件准备计划、深化图准备计划、施工试验、检验计划、技术复核或工程预检计划、工艺试验及现场检（试）验计划、关键部位控制及监测计划和工程技术资料收集计划等。

七、资金准备

项目资金策划在现代建筑项目中显得尤其重要，此类项目按合同签订条款为融资施工，因此，开工前项目部首先要组织编制项目资金流量计划表，找出资金最大需用量最大资金缺口，作为项目部管控节点。

资金准备也是公司对于项目支持的重点，如何运作整个项目资金，做到"开源、节流"，保证工程不受资金筹备问题的影响是项目部面临的难题，可采取现金支票与承兑汇票相结合的付款形式，同时申请办理保理业务，来寻求解决项目资金缺口的新途径。项目经理、分区经理应经常与业主进行沟通，尽可能地增加付款节点，提高付款比例，简化付款流程和加快付款速度。以节点付款为目标，有意识地安排现场施工生产，调整侧重方向，尽早实现每个施工节点工程款的回收。选择实力雄厚且有一定融资能力的、与企业长期合作的优良资源，主要涉及劳务分包商、物资供货商、大型机械设备租赁商。在项目资金运转困难的情况下，提前进行洽谈，获得分供方的理解与支持，转移风险并使风险因素降至最低程度。

第三章　现代建筑工程质量管理创新

第一节　项目质量管理概述

一、质量管理概述

（一）质量管理的概念

《质量管理体系——基础和术语》（GB/T19000-2008）对质量的定义是：一组固有特性满足要求的程度。固有特性是指满足顾客和其他相关方要求的特性。质量不仅是指产品的质量，也包括生产活动或过程的工作质量，还包括质量管理体系运行的质量。

《质量管理体系——基础和术语》（GB/T19000-2008）对质量管理的定义是：在质量方面指挥和控制组织的协调的活动。即建立和确立质量方针、质量目标及职责，并在质量管理体系中通过质量策划、质量控制、质量保证和质量改进等手段，实施和实现全部质量管理职能的所有活动。

（二）全面质量管理

1. 三全管理（Total Quality Control，TQC）

全面质量管理的核心是"三全管理"，即全过程、全员、全方位的质量管理。

（1）全过程质量管理。应根据工程（产品）质量和工作质量的形成规律，从源头抓起，全过程推进。

（2）全员质量管理。一旦确定了质量方针目标，就应组织和动员全体员工到实施质量方针的系统活动中去，发挥自身作用。

（3）全方位质量管理。质量管理涉及企业内部、外部的方方面面，必须全参与。

2.PDCA 循环

全面质量管理的工作方法为 PDCA 循环。PDCA 循环是美国质量管理戴明于 20 世纪 50 年代提出的，故又称"戴明循环"。PDCA 循环是全面质量应遵循的科学程序，以计划和目标控制为基础，通过不断循环，使质量管理和质量水平不断提高。

（1）计划（Plan，P）。计划可理解为质量计划阶段，明确目标并制定实现的行动方案。管理者应根据其任务目标和责任范围，制订质量计划并形成文件，分析论证后按规定程序审批后执行。

（2）实施（Do，D）。实施包含两个环节，即计划行动方案交底和按计划规定方法与要求开展活动。计划交底的目的在于使具体作业者和管理者明确计划意图及要求，掌握质量标准，从而规范作业管理行为，正确执行计划行动方案，努力实现预期质量目标。

（3）检查（Check，C）。检查指对计划实施过程进行各种检查，包括作业者的白检、互检和专职管理者专检。检查内容主要包括两大方面：一是检查是否严格执行了计划行动方案，实际条件是否变化及不执行计划的原因；二是检查计划执行的结果，即产出质量是否达到标准要求，并进行确认评价。

（4）处置（Action，A）。对于质量检查所发现的质量问题，及时进行原因分析，采取必要措施予以纠正，保持质量形成过程的受控状态。处置包括纠偏和预防改进两个方面，纠偏是采取有效措施，解决当前质量偏差、问题或事故；预防改进是将目前质量状况信息反馈到质量管理部门，反思问题症结或计划时的不周，确定改进目标和措施。

3. 三阶段原理

质量控制包括：事前控制、事中控制和事后控制三个阶段。

（1）事前控制。要求预先制定周密的质量计划，必须切实可行、能有效实现预期质量目标，作为一种行动方案进行部署。

（2）事中控制。首先是对质量活动的行为约束，其次是对质量活动过程和结果的监督控制。关键在于坚持质量标准，控制重点是工序质量、工作质量和质量控制点的控制。

（3）事后控制。评价认定质量活动结果，纠正质量偏差。

以上三阶段不是孤立和截然分开的，它们之间构成有机的系统过程，实际是 PDCA 循环的具体化。

（三）质量管理体系

20 世纪末，国际标准化组织（ISO）对 1987 年版和 1994 年版质量管理标准进行较大修改，将以往制定的质量保证体系标准和质量管理体系标准合二为一，最终形成 2000 年版的 ISO9000 质量管理体系标准。ISO9000-2000 版《质量管理体系》标准公开发行后，许多国家都把国际标准等同转化为本国的国家标准。2008 年，国际标准化组织又对 2000 年版的质量管理体系标准进行了修订，增强其与环境管理体系标准的相容性。

质量管理体系的构建与运行一般分三个阶段，即质量管理体系的策划与总体设计、质量管理体系文件的编制和质量管理体系的实施运行。

1. 质量管理体系的策划与总体设计

质量管理体系的策划应采用过程方法的模式，通过规划好的一系列相关联的过程来实施；识别实现质量目标和持续改进所需要的资源；同时考虑对不同层次的员工组织培训，使体系工作和执行要求为所有人员了解，并贯彻到每个人的工作中。

2. 质量管理体系文件的编制

质量管理体系文件的编制是质量管理的重要组成，也是企业运行质量管理和质量保证的基础。质量体系文件包括质量手册、质量计划、程序文件、作业指导书和质量记录。

（1）质量手册。质量手册是实施和保持质量体系过程中长期遵循的纲领性文件，内容一般包括质量方针和质量目标；组织、职责和权限；引用文件；质量管理体系的描述；质量手册的评审、批准和修订。

（2）质量计划。质量计划通常包括质量管理过程和产品实现过程，内容包括：应达到的质量目标；项目各阶段的权责；应采用的特定程序、方法、作业指导书；有关阶段的实验、检验和审核大纲等。

（3）程序文件。程序文件是企业为落实质量管理工作而建立的各项管理标准、规章制度，是为贯彻质量手册要求而规定的实施细则。

（4）作业指导书。作业指导书的结构、格式以及详略程度应适合于组织中人员的使用需要，并取决于活动的复杂程度、使用方法、实施培训及人员的技能及资格。

（5）质量记录。质量记录是产品质量水平和质量体系中各项质量活动进行及结果的客观反映，是证明各阶段产品质量达到要求和质量体系运行有效的证据。

3. 质量管理体系的实施运行

为使质量管理体系有效运行，必须建立覆盖全企业严密完整的组织机构网络，组织机构应上下贯通，形成一个纵向统一指挥、分级管理和横向分工合作、协调一致、职责分明的统一整体。质量管理体系的实施运行一般分三个阶段，即准备阶段、试运行阶段和正式运行阶段。

（1）准备阶段。在完成质量管理体系的有关组织结构、骨干培训、文件编制等工作后，组织进入质量管理体系运行的准备阶段。主要工作包括：选择试点项目，制订项目试运行计划；全员培训；各种资料、文件发送到位；有一定专项经费支持。

（2）试运行阶段。对质量管理体系中的重点要素进行监控，观察程序执行情况，并与标准对比，找出偏差；针对找出的偏差，分析与验证产生偏差的原因；针对分析出的原因制定纠正措施；送达纠正措施的文件通知单，并在规定期限内进行验证；征求各职能部门、各层次人员对质量管理体系运行的意见。

（3）正式运行阶段。经过试运行并修改、完善质量管理体系后，即可进入正式运行阶段。该阶段重点活动包括：对过程、产品进行测量和监督；质量管理体系的协调；质量管理体系的内外部审核。

（四）质量管理八项原则

（1）以顾客为关注焦点。组织（从事一定范围生产经营活动的企业）依存于其顾客，组织应理解顾客当前与未来的需求，努力满足顾客要求并争取超越顾客期望。

（2）领导作用。领导者确立组织统一的宗旨和方向。其应当创造并保持使员工能充分参与实现组织目标的内部环境。

（3）全员参与。各级员工是组织之本，只有其充分参与，才能使其才干为组织带来收益。

（4）过程方法。将活动和相关资源作为过程进行管理，可以更高效地得到期望的结果。

（5）管理的系统方法。将相互关联的过程作为系统加以识别、理解和管理，有助于组织提高实现目标的有效性和效率。

（6）持续改进。持续改进总体业绩应是组织的永恒目标。

（7）基于事实的决策方法。有效决策，应当建立在数据和信息分析的基础上。

（8）与供方的互利关系。组织与供方间相互依存，互利的关系可增强双方创造价值的能力。

（五）质量管理措施

（1）树立先进的质量管理理念

树立"零问题、零违章、零隐患"的理念。通过完善制度、落实责任、弥补管理缺失，实现管理层的零问题；通过持续培训教育、强化动态监管、提升个人素质，实现操作层的零违章；通过隐患治理、技术创新、风险评价，实现质量管理零隐患。

树立"质量管理工作是一把手工程"的理念。编制总体规划，成立领导机构，推进责任落地，探索质量管理文化的构建模式，建立"上下联动、部门互动、专业指导、层层负责"的工作责任机制。

（2）强化人员的素质提升

人是一切活动的主体，是质量管理的重点。应采取多种形式提升人员素质，突出针对性培训教育，探索建立深度培训模式。对管理层、操作层进行分层次培训；培训方法多元化，增强培训效果；根据员工需求，设定培训内容和培训方式；培训教材实现系列化、视频化。

（3）突出制度管理

要善于查找管理制度和操作规程上的缺失和日常管理中的漏洞，防止"小问题"酿成"大事故"。制度要简便易行，让员工一目了然，操作起来简单实用。要强化制度宣贯，考核到位，奖罚分明。要抓关键节点，对各个环节严格把关，从严要求、从严监管、从严惩戒。

二、工程项目质量管理

（一）工程项目质量管理的概念

工程项目质量是指通过项目实施形成工程实体的质量，主要体现在适用性、安全性、耐久性、可靠性、经济性及与环境协调性等六方面。

工程项目质量管理是指企业为经济有效地向用户提供符合施工合同、设计图纸、法律法规及规范标准要求的建筑安装工程（产品），在施工全过程中，通过质量管理体系运作所采取的质量策划、质量控制、质量保证和质量改进等全部活动。

（二）工程项目质量管理的内容

根据《工程建设施工企业质量管理规范》（GB/T50430-2007）的阐述，施工企业质量管理内容一般包括：质量方针和目标管理；组织机构和职责；人力资源管理；施工机具管理；投标及合同管理；建筑材料、构配件和设备管理；分包管理；工程项目施工质量管理；施工质量检查与验收；工程项目竣工交付使用后的服务；质量管理自查与评价；质量信息管理和质量管理改进。

（三）工程项目质量管理的特点

（1）工程项目涵盖质量特性多。不仅包括物理化学特性，还包括适用性、安全性、耐久性、可靠性、经济性及与环境协调性。

（2）工程项目规模庞大，投入高，周期长，牵涉面广，风险多。

（3）影响工程项目因素多。工程项目不仅受项目决策、勘察设计、工程施工以及材料、机械、设备等影响，还受到工程所在地政治、经济、社会环境及气候、地质、地理、资源等因素影响。

（4）工程项目质量管理难度大。工程项目的长周期使实施过程中不断出现新情况和新因素，给质量管理带来难度。工程项目属于一次性成果，每个具体项目均有各自特点，质量管理需根据实际情况变化加以调整。

（5）工程项目质量具有隐蔽性。由于工程项目中分项工程交接、中间产品、隐蔽工程多，必须加强过程监督检查。

（四）工程项目质量管理的基本原则

（1）质量第一的原则

工程质量不仅关系到工程的适用性和经济效果，还关系到人民群众的生命财产安全，所以在质量、进度和成本的关系中，要认真贯彻"百年大计、质量第一"的方针，做到好中求快、好中求省，不能以牺牲工程项目质量为代价，盲目追求速度和效益。

（2）预防为主的原则

在工程项目质量形成过程中，必须事先积极采取各种措施，重点做好质量的事先和事中控制，以预防为主，消灭各种不符合质量要求的因素，以免造成不必要的损失。

（3）以人为核心的原则

人是工程项目的决策者、组织者、管理者和操作者，各岗位人员的工作质量水平和完善程度，都直接和间接地影响到工程质量。在质量管理中要以人为核心，重点控制人的素质和行为，充分发挥人的积极性和创造性，保证工程项目质量。

（4）质量标准的原则

质量标准是评价产品质量的尺度，应通过质量检验并和质量标准对照，判别工程质量是否符合合同规定的质量标准要求，不符合标准要求的必须返工或返修处理。

（5）以数据说话的原则

依靠确切的数据和资料，运用数理统计方法，对工作对象和工程项目实体质量进行科学分析，研究工程项目质量的波动情况，寻求影响工程项目质量的主次原因，采取有效的改进措施，确保工程项目质量。

（五）工程项目质量目标管理

质量目标就是指在施工过程中与工程质量相关的要达到的目的，可以是一道工序，也可以是一项工程。质量目标按管理层级可分为施工企业质量目标、项目部质量目标以及班组和个人的质量目标；按时间长短可分为中长期质量目标、年度质量目标和近期质量目标；按项目可划分为项目总质量目标、单项工程质量目标和分项工程质量目标。

一个工程项目的质量目标是一个大的目标性系统，包含了多个二级目标性子系统，二级子系统又包含多个三级目标性子系统，像金字塔般排列直到构成最基础系统的个人。要根据不同级别子系统的质量目标，进行有目的的质量管理，将质量目标层层分散落实到每一级部门和每一个工作人员，使其量化、更具操作性。质量目标逐级分工落实后，每个有具体目标的个人或部门都要对各自的质量目标制定实施方案，确保目标按时完成。每一级子系统的目标完成了，项目的总目标也就随之完成。

三、影响工程项目质量的因素

影响工程项目质量的因素主要有五方面：人（Man）、材料（Material）、机械（Machine）、方法（Method）和环境（Environment），即4M1E。对这五方面因素严加控制，是保证工程项目质量的关键。

（一）人的控制

施工现场的多数工作需要靠工人操作，工人的个人素质、质量意识、操作技能和技术熟练程度决定了施工质量水平。需对工人进行系统培训以提高其专业技术和职业道德水平；健全岗位责任制，改善劳动条件，公平合理运用激励机制；在人的技术水平、生理缺陷、心理行为、错误行为等方面控制人的使用；及时制止违章作业并采取相应的措施，避免造成质量问题及安全事故。

（二）材料控制

材料控制包括原材料、成品、半成品、构配件等的控制，是工程项目施工的物质基础。材料选用是否合格、运输保管是否得当，都将直接影响工程项目质量。在施工过程中，施工企业应严格控制材料选用、检验、管理和强制性标准的执行。

（三）机械控制

应从设备选型、主要性能参数及使用操作等方面，控制所用机械设备。要健全并落实人机固定制度、操作证制度、岗位责任制度、交接班制度、保养制度、安全使用制度、机械设备检查制度等相应管理制度，确保机械设备安全正常使用。危险性较大的起重机械设备，要对其安装方案进行审批，安装完毕交付使用前还须经专业管理部门验收，验收合格后方可使用。

（四）方法控制

施工组织设计、施工方案、施工工艺、施工技术措施等，应切合工程实际，能解决施工难题，技术可行、经济合理，有利于保证质量、加快进度、降低成本。

（五）环境控制

施工现场影响工程质量的环境因素具有复杂多变的特点，应根据工程特点和具体条件，采取有效措施严控影响质量的环境因素；不断改善施工现场作业环境，尽可能减少施工产生的危害和对环境的不利影响；健全施工现场管理制度，合理布置场地，使施工现场秩序化、标准化、规范化，实现文明施工。

四、施工企业质量管理

根据《工程建设施工企业质量管理规范》（GB/T50430-2007）有关规定，施工企业应通过建立并实施从工程项目管理策划至保修管理的制度，对工程项目施工的质量管理活动加以规范，有效控制工程施工质量和服务质量。

（一）质量管理专职机构设置

施工企业应设置质量管理专职机构，建立和保持有效的质量管理体系。其主要职责如下：

（1）提供支持。帮助工程项目管理层建立与项目相适应的质量管理体系，包括：识别顾客和法律法规的要求；确定质量方针和目标；进行质量策划；确保过程有效性；确定控制性准则和方法；监督、检验和分析；对质量管理体系的定期审核和持续改进。

（2）实施监督。在强调自控为主的同时，由质量管理专职机构对工程项目全过程实施有效监督，负责与政府等第三方监督机构的沟通和衔接。

（3）咨询服务。质量管理专职机构具有向各参与方和各级管理层提供质量管理咨询服务的职能，以提高质量管理体系的有效性。

（二）建筑材料、构配件和设备质量管理

（1）明确制度。施工企业应根据施工需要建立并实施建筑材料、构配件和设备管理

制度，明确各管理层次质量管理活动的内容、方法及相应的职责和权限。

（2）建筑材料、构配件和设备的采购。应在制度中明确规定各类建筑材料、构配件和设备采购计划审批的权限和流程。企业可根据需要分别编制建筑材料、构配件和设备需求计划、供应计划、申请计划、采购计划等；应明确各类计划应包含的内容、计划编制的依据和要求，计划编制和提供的时间要求等。

（3）对供应方进行评价。施工企业可根据所采购的建筑材料、构配件和设备的重要程度、金额等分别制定评价标准、评价职责。施工企业应对供应方制定不同的评价标准，合理选择建筑材料、构配件和设备的供应方。评价内容包括：经营资格和信誉、产品质量、供货能力、产品价格和售后服务等。

（4）验收。未经验收的建筑材料、构配件和设备不得用于工程施工；对验收不合格的及时进行处理，并记录处理结果。必要时，应到建筑材料、构配件和设备供应方的现场进行验证。

（三）分包质量管理

（1）施工企业对分包方进行评价和选择的方法包括：招标或组织相关职能部门实施评审，对分包方提供的资料进行评定，对分包方的施工能力进行现场调查等，必要时可对分包方进行质量管理体系审核。

（2）施工企业对分包方的验证应在施工或服务开始前进行。分包项目结束时，施工企业应按照规定的质量标准进行验收。

（3）施工企业对分包方履约情况的评价，可在分包施工和服务活动过程中或结束后进行。

（4）分包管理工作的改进包括：发现并处理分包管理中的问题；重新确定、批准合格分包方；修订分包管理制度等。

（四）对项目部的监督管理

施工企业应对项目部的质量管理活动进行监督检查，内容包括：项目质量管理策划结果的实施；对本企业、发包方或监理方提出的意见和整改要求的落实；合同的履行情况；项目质量目标的实现等。施工企业对项目部的监督管理可结合企业对施工服务质量的检查进行，正确全面地评价项目部质量管理水平。

五、项目部质量管理

（一）机构设置

项目部负责工程项目施工质量管理，其机构设置和人员配备应满足项目质量管理的需要，与工程项目的规模、施工复杂程度、专业特点、人员素质相适应。应根据项目管理需要设置质量管理部门或岗位，明确质量管理部门、人员的岗位职责、权限，建立项目质量管理制度，形成在施工过程中各部门相互制约、协作配合的组织构架。

（二）图纸会审及设计交底

项目部应按企业规定的程序方法接收设计文件，参加图纸会审和设计交底，并对结果进行确认。项目部有关人员应掌握工程特点、设计意图、相关工程技术和质量标准要求，提出设计修改和优化意见；施工图纸等设计文件的接收、审核结果均应记录；设计交底、图纸会审纪要应经各相关方共同签认。

（三）确定项目质量管理目标

项目质量管理目标主要包括：总质量目标（可包含单位工程）及各分部分项工程质量目标（可包含隐蔽验收、检验批优良率、合格率的目标）。

设定项目质量管理目标的依据：国家现行的关于工程质量的法律、法规、技术标准和设计、施工验收规范等有关规定；设计施工图、地质勘查、测量放线技术文件；工程承包合同；工程质量标准；材料、设备的设计质量要求；委托方及其他相关方的要求。

（四）项目质量管理策划

项目质量管理策划内容包括：质量目标和要求；质量管理组织和职责；施工管理依据的文件；人员、技术、施工机具等资源的需求和配置；场地、道路、水电、消防、临时设施规划；影响施工质量的因素分析及其控制措施；进度控制措施；施工质量检查、验收及其相关标准；突发事件的应急措施；对违规事件的报告和处理；应收集的信息及其传递要求；与工程建设有关方的沟通方式；施工管理应形成的记录；质量管理和技术措施等。

（五）编制项目质量管理计划

（1）内容。包括：编制依据；项目概述；质量目标；组织机构体系；质量控制及管理组织协调的程序、措施、制度；必要的质量控制手段，施工验收、测量、检验和试验、验收程序及与其相关的管理文件。

（2）编制依据。包括：国家及地方相关法律法规；施工质量验收规范；工程代建、咨询、勘察、设计、监理和施工等合同文件；使用单位的功能要求及设计任务书；地质勘查文件、设计图纸及设计要求；施工组织设计及专项施工方案；其他影响工程质量的因素。

（3）程序。收集资料，制定质量管理目标；质量管理目标分解；建立质量管理保证体系，做到预防为主、预防与检查相结合，明确任务、职责、权限，互相协调、互相促进；编制项目质量管理计划。

（六）建立和完善项目质量管理体系

项目部应根据企业质量管理体系和业主方的质量要求，建立和完善项目质量管理体系。

主要内容包括：施工质量控制目标体系、质量管理部门职能分工、施工质量控制的基本制度和主要工作流程、施工质量计划或施工组织设计、施工质量控制点及控制措施、施工质量控制的内外沟通协调关系网络及运行措施。

第二节　项目质量管理控制

一、项目质量管理控制的依据

项目质量管理控制的依据主要指适用于项目施工阶段与控制有关的、具有指导意义和必须遵守的（强制性）基本文件。主要有三方面，一是共同性依据，是指与工程相关的法律法规；二是专业性技术依据，是指规范、规程、标准、规定等专业性技术规范文件；三是项目专用性依据，是指工程建设合同、勘察设计文件、设计交底及图纸会审记录、设计修改和技术变更通知以及相关会议记录及工程联系单等。建筑工程施工质量控制性文件主要包括：

（1）《中华人民共和国建筑法》（中华人民共和国主席令〔第 91 号〕）。

（2）《中华人民共和国合同法》（中华人民共和国主席令〔第 15 号〕）。

（3）《建设工程质量管理条例》（中华人民共和国国务院令〔第 279 号〕）。

（4）《房屋建筑工程质量保修办法》（中华人民共和国建设部令〔第 80 号〕）。

（5）《建设工程质量检测管理办法》（中华人民共和国建设部令〔第 141 号〕）。

（6）《建设工程项目管理规范》（GB/T50326—2006）。

（7）《工程建设施工企业质量管理规范》（GB/T50430—2007）。

（8）《质量管理体系项目质量管理指南》（GB/T19016—2005）。

（9）《建筑工程施工质量验收统一标准》（GB50300—2013）。

（10）《建筑地基基础工程施工质量验收规范》（GB50202—2002）。

（11）《砌体工程施工质量验收规范》（GB50203—2011）。

（12）《混凝土结构工程施工质量验收规范》（GB50204—2002）。

（13）《钢结构工程施工质量验收规范》（GB50205—2001）。

（14）《木结构工程施工质量验收规范》（GB50206—2012）。

（13）《屋面工程质量验收规范》（GB50207—2012）。

（15）《地下防水工程质量验收规范》（GB50208—2011）。

（16）《建筑地面工程施工质量验收规范》（GB50209—2010）。

（17）《通风与空调工程施工质量验收规范》（GB50243—2002）。

（18）《建筑电气工程施工质量验收规范》（GB50303—2002）。

（19）《电梯工程施工质量验收规范》（GB50310—2002）。

二、工程质量过程控制

工程项目施工质量管理可根据工程实体质量形成的过程划分为施工准备、施工、竣工验收三个阶段，

（一）施工准备阶段

施工准备阶段的质量管理是指项目正式施工活动开始前，对各项准备工作、影响质量的因素和有关方面进行的质量控制，其工作主要是：

（1）技术经济调查分析

搜集包括项目情况、设计与勘察情况、施工现场情况、建设地区自然条件情况、建设地区劳动力、文化经济情况等，做好项目建设自然条件和技术经济条件的调查分析。

（2）图纸会审

组织工程技术人员和预算人员认真审查图纸，熟悉了解工程特点、设计意图和掌握关键部位的质量要求；及时发现存在的问题和矛盾，提出修改意见，帮助设计单位减少差错，避免产生工程质量或技术事故；找出需要解决的技术难题并拟定解决方案，从而将因设计缺陷而存在的质量问题消灭在施工前。

（3）交底与培训

组织相关人员参加设计交底，正确贯彻设计意图，加深对设计文件特点、难点、疑点的理解，掌握关键部位的质量要求，确保工程质量。组织技术交底，确保参与项目施工人员详细了解设计要求、结构特点、技术要求、施工工艺、质量标准和技术安全措施等，科学组织施工、合理安排工序。同时，要做好项目各类人员的质量教育与培训工作。

（4）计量与测量

计量包括施工生产时的投料计量、施工测量监测计量及对项目、产品或过程的测试、检验、分析计量等。施工前要建立和完善施工现场计量管理制度；明确计量控制责任者和配置必要的计量人员；严格按规定对计量器具进行维修和检验；统一计量单位、做到量值统一，从而保证施工过程中计量的准确性。

施工前应编制测量控制方案，经项目技术负责人批准后实施。对建设单位提供的原始基准点、基准线和水准点等测量控制点进行复测，保证其准确性和精确度，并将复测结果上报监理工程师审核，经批准后方可进行施工定位、测量放线和建立施工测量控制网。

（5）项目质量计划编制

项目部要根据工程特点，结合项目施工组织设计制定项目质量计划。项目质量计划应经企业技术负责人审核批准、项目监理机构审查批准、建设单位批准确认后执行。

项目质量计划必须确保施工工艺和工序能保证工程质量，在确保质量的前提下缩短工期、降低成本。应将项目质量目标层层分解、层层下达、层层落实到作业班组、岗位和个

人，使每个人都了解完成本职工作的质量要求和具体质量标准。

（6）生产物资管理

工程施工所需的建筑材料、构配件、设备、施工机具等物资采购前，应按先评价、后选择的原则，由熟悉物资技术标准和管理要求的人员，通过对供方的技术、信誉、管理、售后服务等保证能力的调查以及产品质量的实际检验等综合比较，选择合适的供方。

加强对进场的原材料、构配件和设备的检验，重点检查产品合格证、技术说明书、质量检验证明等，不符合设计文件和图纸要求、不符合合同文件质量条款要求的，一律不得采用。

（7）分包单位选择

签订分包合同前，应对分包商的技术管理水平、特殊及主要工程技术人员资格、机械装备能力、施工经验等进行综合评价，决定是否与其签订分包合同。审查的内容包括：分包商的营业执照、资质证明材料、施工人员的技术素质、以往的工作经历和业绩、财务状况等；施工组织管理者的资质和水平，特殊专业工种、关键施工工艺和新技术、新工艺、新材料等应用方面的素质和能力；质量管理体系是否建立健全、质量管理职责权限是否明确。

（二）施工阶段

项目质量管理的关键在于对全部施工工序的质量持续进行控制，包括：对投入生产要素质量、作业技术活动实施状态和结果的控制，对阶段性成品组织检查验收。

工序质量控制就是对工序活动条件和工序活动效果的控制，从而达到对整个施工过程的质量控制。工序质量管理，就是要使每道工序投入的人、材、机、方法和环境得以控制，使每道工序完成的产品达到规定的质量标准。

1. 确定工序质量控制计划

制定质量控制工作流程、质量检验制度，对不同的工序活动制定专门的保证质量的技术措施，制定物料投入活动及活动顺序的专门规定。

2. 工序活动条件的控制

工序活动条件主要指影响质量的五大因素，即施工操作者、材料、施工机械设备、施工方法和施工环境。

（1）施工操作者：严格执行持证上岗制度，对重要或关键工序施工人员要进行岗前培训，考核合格后才能上岗。加强员工质量教育，提高员工的质量意识、操作技能及安全防范能力。

（2）材料：采用抽样检查或全数检查等形式，对进场材料进行严格的检查验收，确定材料的品牌、规格、型号、性能是否适合工程特点和满足设计要求，判定其质量可靠性。

（3）施工机械设备：应根据施工实际需要选择施工机械设备，确定机械设备的主要性能参数。严格按照施工机械设备配置计划确定的型号、规格和数量组织进场，并进行现场安装、调试和检测，试操作合格后才能正式使用。

（4）施工方法：编制作业任务书，经项目技术负责人批准后实施。进行作业技术交底，内容包括：施工工艺和方法，操作要求和操作规程，质量要求和质量标准，验收标准和要求，施工中应注意的问题，施工中可能出现的意外情况的处理措施与应急预案。检查施工工序的合理性与科学性，防止因工序流程错误导致工序质量失控；检查施工工序的施工条件，即每道工序投入的材料、使用的工具与设备、操作工艺与环境条件是否符合施工组织设计的要求。

（5）施工环境：施工现场自然环境条件可能对作业质量产生不利影响时，应采取有效的对策措施，以保证工序的质量。对施工作业环境的控制，主要包括：现场水电供应是否良好、照明是否满足施工需要、场内交通运输和道路是否畅通等。

3.设置工序质量控制点

工序质量控制点是指为了保证工序质量而确定的控制重点、关键部位或薄弱环节。在拟定质量控制工作计划时应分析可能造成质量问题的原因，制定对策和措施，进行预控。

对技术要求高、施工难度大、工程质量影响大、发生质量问题危害大的工序，应设置质量控制点。主要包括：对施工质量有重要影响的关键部位、重要影响因素；工艺上有严格要求，对下道工序的活动有重要影响的关键部位；严重影响工程质量的材料质量和性能；容易出现质量通病的部位；紧缺建筑材料、构配件和设备；可能对生产安排有严重影响的关键因素。

（4）工序质量控制

工序质量控制的重点是在严格遵守工艺规程和质量控制点、工序活动条件得到良好控制的前提下，利用一定方法手段，对工序操作及完成产品质量进行及时的测定、查看和检查，并将所测结果与该工序操作规程及形成质量特性的技术标准进行比较，判断其质量效果是否符合质量标准要求。

工序质量控制需组织过程检验加以保证。过程检验主要指工序施工中或上道工序完成后转入下道工序时所进行的质量检验，判断工序施工内容是否满足设计或标准要求，决定该工序是否继续进行（转交）或停止。具体形式有：质量自检和互检，专业质量监督，工序交接检查，隐蔽工程验收，工程预检（技术复核），基础、主体工程检查验收等。

（5）质量检查

在施工过程中，各级质量负责人必须经常进行巡视检查，对违章操作、不符合规程要求的行为，应及时予以制止。每一道工序完成之后，都必须经过自检和互检合格，办理工序质量交接检查手续后，方可进行下道工序施工，上道工序检查不合格，必须返工，检查合格后，才允许下道工序施工。隐蔽工程施工过程应及时进行质量检查、形成验收文件，验收合格后方可施工。

（三）竣工阶段

竣工阶段质量管理是指对已完成工程验收时的质量控制，主要包括：最终质量检验和试验、技术资料的整理、施工质量缺陷的处理、竣工验收文件的编制和移交准备、产品防护、撤场计划、项目回访和保修等。

（1）最终质量检验和试验

工程竣工验收前，必须按施工质量验收规范要求进行最终质量检验和试验。竣工验收要全面检查工程的完整性，复核分部工程验收时补充进行的见证抽样检验报告。

（2）技术资料的整理

技术资料的整理要符合有关规范和规定的要求，必须做到准确、齐全，能满足工程进行维修、改造和扩建的需要。

（3）施工质量缺陷的处理

对施工阶段出现的所有质量缺陷，应按规定程序进行处理，及时进行纠正，并再次验证纠正后的有效性。

（4）竣工验收文件的编制和移交准备

竣工验收文件包括：竣工资料整理，绘制竣工图，编制竣工决算；竣工验收报告及主要附件；工程项目总说明；技术档案建立情况；建设情况。

（5）产品防护

竣工验收期要定人定岗，采取有效防护措施，保护已完工程，发生丢失、损坏时应及时补救。

（6）撤场计划

工程通过验收后，项目部应编制符合文明施工和环境保护要求的撤场计划，拆除运走多余物资，做到场清、地平。

（7）项目回访和保修

项目竣工验收后，施工单位应定期进行工程回访，发现由于施工原因造成的质量问题，应及时保修。

第三节 现代建筑工程领域分包质量控制的问题

现代建筑工程领域分包工程的问题可以分为分包前工程的质量问题、已分包的工程质量问题、竣工验收后的工程质量问题和由于分包而产生的新的问题。不论是分包前、分包中还是竣工验收都属于工程分包的一般性问题，而由于工程分包而产生的新问题，是指在工程没有分包的情况下不常出现的问题。

一、分包工程前的质量控制问题

分包前大多数企业对现代建筑工程的质量控制水平较低，且均进行粗放型的经营，与此同时，在投标竞争过程中企业为了取得头筹，还会将投资预算中相关的数据做到最低，而这就直接导致了其本身所拥有的利益空间非常小，其分包前的现代建筑工程质量就得不到保证，尤其在质量控制的各个方面存在着问题，具体体现在：

（1）企业职工队伍多为民工，队伍的构成水平参差不齐，使得现场呈现粗放的控制，机械设备使用效率非常低且材料也不能物尽其用；而施工的技术含量更是无法保证，这些因素都导致了企业质量的整体控制水平非常低下，甚至一些建筑施工企业还无法与时俱进，仍然套用计划经济时期的质量控制观念，也还使用传统的施工方法，且其施工的技术含量非常低，施工质量层面没有控制与技术等方面的投入，与此同时更谈不上创新，使得生产率低下，同时质量安全事故也较易诱发。

（2）施工队伍素质整体较低，建筑行业具有劳动密集型的特点，生产环境因为露天及高空作业等因素而变得较差，同时还具有较高的危险性，但是对于技术的要求却不高，因此原始资本积累的成本实现较易，而行业的准入门槛则是更低。这个行业内有大量的剩余劳动力进入，所以建筑行业所具有的本身特点客观导致了施工企业整体队伍素质较低，虽然也有一些具有较高素质的质量控制人员进入到企业之中，但因为整体队伍的素质较低使得现代建筑工程质量无法得到保证。

（3）忽略了网络技术在施工进度规划中的重要作用，在施工项目开始执行后不少从业人员包括小部分管理层都对网络技术在规划进度中的应用有一定的误解，对其可靠性和有效性持怀疑态度。当前，我国的施工企业中只有极少一部分借助计算机来安排施工进度，很大部分的企业仍然采用传统的主要依赖经验的人工编绘横道图的方式，其根本在于一方面是由于对网络技术在规划施工进度中的重要作用及其隐藏的潜在经济利益缺乏认知；另一方面是由于缺乏在施工过程正式开始后对项目执行情况的实时追踪和及时调整，这往往导致了横道图从施工前就一成不变，无法达到控制现代建筑工程施工进度的目的，无异于虚有其表，华而不实的摆设。

（4）施工企业单位及项目部关注的重心往往放在外露的质量问题，较隐秘的方面则常被忽略，通常在衡量现代建筑工程质量时较隐蔽的方面，如：混凝土除试块试压外真正的结实度、焊接方面除试件试拉外真正的牢固程度、设备方面真正的使用寿命和安全系数、钢筋的使用数目等都容易被忽略和遗漏，这就会导致部分表面质量看似较高的工程实际存在很多安全隐患，表现为混凝土不够牢固、钢筋质量残次、连接件质量不过关、部分区域内出现渗水或提前风化等情况。

（5）部分施工企业的规模有限，信用级别较低且贷款能力有限，资金周转缓慢，资本创造能力较低，投资回报率高的项目较少，特别是某些中小型的企业，因为其前期项目投入资金不足，盈利能力也不强，最终创造的利润自然不甚乐观。另一方面，由于信誉度不高，企业很难竞得优质的工程项目，所接项目通常规模有限、投资回报率不高，其后果不利于施工企业建立起优质的影响力，而这是当前经济社会中极其重要的生产原动力之一。树立良好口碑的施工企业往往拥有更多的客户资源和资金支持来源，从而更易获得发展壮大，相反口碑较差的企业却难以持续经营。

（6）施工企业的施工能力不高。施工能力是指为完成施工项目所采取的各种直接活动的能力，由于施工企业人员的综合素质不高，施工组织设计力量较低，施工经验不够丰富，因此，施工企业的施工能力较低。大部分施工企业没有设置专门的信息中心，没有普及应用计算机控制和工程施工过程中的有关信息收集等，最终影响了工作效率和工作质量。

（7）现代建筑工程的项目部关注的侧重点往往放在土地建设的质量，而配套设备的质量往往被忽略，在评估工程质量时工程质量问题的考察通常集中在土地建筑等要素上，而缺乏对具体防水、防火、防震、抵御辐射病毒等功效实现情况的核查，其后果是容易导致配套设备和很多设计的质量问题在真正使用后才开始暴露。例如潜水泵功能异常出现的高层用水断断续续，电压供应不稳定，供暖时好时坏等情况，这些问题在工程竣工验收时很容易被忽略。

（8）现代建筑工程的项目部关注的侧重点体现在个体而忽略了整体，部分工程的施工安排由于资源调配或其他方面引发冲突导致整体项目迟迟不得完工，例如，某现代建筑工程项目虽然结构工程提前保质保量地完成任务，但是由于室内专修的设计方案迟迟未定，总工程仍然未能按期竣工。这种各大工程计划前后衔接不上，断差较大的情况就会影响项目整体的效率。因此，在规划施工进程时必须将各个工程环节妥善合理安排，无论时间、空间还是资源方面都要相互配合协调，才能保障整体项目的顺畅完工。

（9）现代建筑工程项目部关注的侧重点还体现在施工进程开始后对施工现场的质量要求上，施工前期的准备阶段往往被忽略。这就要求在施工规划阶段就对整个施工过程包括准备阶段可能出现的质量问题进行全面综合考虑并做好防范措施，同时对质量问题实行定期抽查模式，一旦有威胁质量的安全隐患出现必须及时采取应对办法，以实现竣工验收时达到高效优质的标准。在实际施工过程中，由于某些项目的人力资源不足，施工前期准备工作完成的并不充分，如原材料的供应暂时不足或未及时补给，使用设备未提前试运行、检验结果未按期出具等都可能导致施工过程中问题重重，甚至导致重大安全问题的发生。因此，提升现代建筑工程质量的必备条件之一是保障前期的准备工作充分顺利地展开。

二、现代建筑工程专业分包中的质量控制问题

（一）分包工程中的质量控制问题

施工过程体现在一系列的作业活动中，作业活动的效果将直接影响到施工过程的施工质量。当前，总包单位对于分包企业在施工过程中的质量控制却不严格，总包单位对于施

工过程中的作业活动没有全方位的监督与检查，使得施工质量无法保证。在分包工程施工过程中，施工准备工作在正式开展作业技术活动前，不能严格按预先计划的安排落实到位，包括配置的人员、材料、机具、场所环境、通风、照明、安全设施等，这使得作业技术准备状况的检查不到位，不利于实际施工条件的落实，更多的情况是让实际与计划脱离无法真正地将施工计划落到实处。总包单位、分包单位做好技术交底工作是取得好的施工质量的条件之一，为此，每一分项工程开始实施前均要进行交底。作业技术交底是对施工组织设计或施工方案的具体化，是更细致、更明确、更加具体的技术实施方案，是工序施工或分项工程施工的具体指导文件。为做好技术交底，项目经理部必须由主管技术人员编制技术交底书，并经项目总工程师批准。技术交底的内容包括施工方法、质量要求和验收标准、施工过程中需注意的问题和可能出现意外的措施及应急方案。技术交底要紧紧围绕和具体施工有关的操作者、机械设备、使用的材料、构配件、工艺、方法、施工环境、具体管理措施等方面进行。交底中要明确做什么、谁来做、如何做、作业标准和要求、什么时间完成等内容，但是在现实的分包情况之下，总包单位往往对于上述的问题不予以重视，所有的环节只是停留在表面层次，这导致了分包工程中的质量得不到严格的控制，使得整体的施工质量最终不能被保障。

进场材料构配件没有严格的质量控制，一般程序下承包单位应按有关规定对主要原材料进行复试，填写《工程材料／构配件／设备报审表》报项目经理部签认，同时应附数量清单、出厂质量证明文件和自检结果作为附件，对新材料、新产品要核查鉴定证明和确认文件。经监理工程师审查并确认其质量合格后方准进场。凡是没有产品出厂合格证明及检验不合格者，不得进场。如果监理工程师认为承包单位提交的有关产品合格证明的文件以及施工承包单位提交的检验与试验报告，仍不足以证明到场产品的质量符合要求时，监理工程师可以再组织复验或见证取样试验，确认其质量合格后方允许进场。但是在当前的现代建筑工程施工过程中，对于这些环节却并不重视，总承包单位对此检查不严格，而分包企业为了能够尽早施工，对于这些程序更是能简化尽量简化，对于所施用产品为了提升利润空间，则更是只要价格低就完全对质量没有要求，其后果导致一大批的不合格产品进入到施工现场，而总承包单位对其却没有严格的监控，使得在这个环节存在严重的质量隐患。

具有影响的较为典型案例，例如：2010 年 11 月 15 日中午 13 时，上海市静安区胶州路 728 号教师公寓综合楼正在进行节能改造工程，工人在北侧外立面进行电焊作业，下午的 14 时 15 分，金属熔融物溅落在大楼电梯前室北窗 9 楼平台，引起堆积在外墙的聚氨酯保温材料碎屑的燃烧，火势迅速蔓延，因烟囱效应引发大面积立体火灾，最终造成 58 人死亡、71 人受伤的严重后果，建筑物过火面积 1.2 万 m^2，直接经济损失 1.58 亿元。事故原因分析的结论包括：（1）直接原因：①焊接工人无证上岗且违规操作，同时未采取有效的防护措施，导致焊接熔融物溅到楼下聚氨酯保温材料上着火；②工程中采用的聚氨酯保温材料不合格，硬泡聚氨酯是新一代的建筑节能保温材料，导热系数是目前建筑保温材料中最低的，是实现节能环保的理想材料，其燃烧性能要求不低于 B2 级，而 B2 级的含义也就是不能被引燃，但该被引燃的材料在燃烧性能上达不到标准要求。（2）间接原因：①装修工程违法违纪违规，层层多次分包，导致安全责任落实不到位，工程从上海静安区建设总公司总承包，全部转包给上海佳艺建筑装饰工程公司，再分包一部分给上海迪姆物业管理有限公司施工；②施工作业现场管理混乱，存在明显抢工期、抢进度和突击施工的行为；③事故的安全措施不到位，违规使用了大量的尼龙网、毛竹片等易燃材料，导致大火迅速蔓延；④监理单位、施工单位、建设单位存在隶属和利害关系；⑤有关监督部门的监管不力，多次分包多家作业、现场管理混乱、事故现场违规选用材料、建设主体单位之间存在利害关系，最终调查报告显示这是一起典型的工程分包中监控缺失、管理混乱和无序施工引发的血案，既体现了现代建筑工程事前分包工程存在不合法的现象，又体现了工程施工作业中的各种不规范行为。

（二）开工后的质量检验问题

自建筑工程项目管理体制改革推行以来，国内的现代建筑项目工程施工形成了以施工总承包为龙头、以专业施工企业为骨干、以劳务作业为依托的企业组织结构形式。不过，这样的设想并没有在现代建筑工程实际施工中取得预想的成效。现代建筑工程的大部分施工作业还是由建筑总承包的工程公司自行完成，仅有很少部分的施工任务是由专业施工分包企业来完成，然而这样的管理模式已经远远不能满足当前建筑工程施工的需求，特别随着国外建筑企业的加入，国内建筑行业的竞争将会日趋激烈，这就需要不断地完善建筑工程项目分包管理以适应当今建筑行业的发展，在激烈的竞争中立于不败之地。

现代建筑工程竣工验收中可能存在较多的问题，例如，互相"提携""护短"来确保工程竣工验收顺利过关，"工程要顺畅，攻关紧跟上，舍得去投入，各种手段上，确保都满意，成功就有望"。对于这句话在当前的建筑市场中反映着很多现实的情况，而作为参与现代建筑工程建设的各方单位，要想顺利地参与其中，既会有一些合理合法的做法，也会使用一些不正当的手段，否则可能会在工程施工中步履艰难，因为从工程投资立项到招投标、从施工到结算，每一个环节就如同一道关卡，即便是在现代建筑工程竣工验收时也不例外。有权负责现代建筑工程竣工验收的部门和人员能够凭借手中的权力左右工程竣工验收的结果，无权的单位和个人想让工程顺利通过验收并达到合同约定的质量标准和要求，有时候会不择手段地用金钱等违纪违法手段来进行"投资"，打通"关节"并把和自己一同参加施工、设计、监理的单位联合起来，在工程竣工资料上互相"帮助"，甚至在发包方、参加工程验收的建设管理部门等的共同参与下，互相"提醒"、互相"护短"，共同心照不宣地按照要求让工程竣工验收顺利过关，即便是发现一些问题，也是大而化小，或是作为遗留问题善后处理，不影响到验收的通过。这种私下的"权"和"钱"的交易行为就容易滋生竣工验收中的腐败和不正之风。

工程竣工验收被作为工程项目建设中的最后一道关卡，会被用于最后的权力寻租。工程竣工验收这个环节一通过，一项工程基本上就可交付使用，参与工程项目建设的各方就基本上完成了使命,因而工程竣工验收既可以看作是对工程质量检测、把关的最后一道"门槛",也可能被一些人利用来作为权力寻租的最后一次机会。工程设计、施工过程中如果留下质量隐患,或者变更设计、追加投资没有充分理由,或者为了提高工程质量评定等级,设计、施工单位、建设单位或者相关人员就会在竣工验收阶段想方设法弄虚作假,主要的手法就是贿赂验收人员或者通过各种渠道给验收人员施加压力或影响。一是建设、设计、施工单位行贿质监机构的管理人员或者通过更高层单位和领导对他们施加影响,使其对工程质量不认真查验,让质量不合格的工程通过验收;二是参与验收工作的有关人员明知工程质量不合格,按规定应令有关单位返工后再次验收,但由于收受贿赂或者受到更高层单位和领导的压力与影响,而故意隐瞒事实真相或者"忽略、淡化掉"一些问题,使不合格的设备通过验收;三是参与验收的人员明知设备不符合国家或者行业技术标准,但因收受贿赂或者受到更高层单位和领导的压力与影响,故意隐瞒事实真相或者"忽略、淡化掉"一些问题,使不合格的设备通过验收;四是参与验收的人员收受贿赂或者受到更高层单位和领导的压力与影响后故意或者不得不提高工程验收等级。

追求经济效益或工期速度的工程"特事特办",主要体现在盲目追求经济建设速度过程中,一些有影响力的现代建筑工程大干快上,一些"献礼工程"不讲科学或者无视科学,大大压缩工期并放松质量要求,导致设计、施工、监理、检测等各个环节赶进度、挤时间,最后工程质量难以保证,工程竣工验收根本不做或者仅仅是走个过场,出现问题互相推诿责任或者难以分清责任。例如在南京城市建设档案馆内查到了当年体博馆的施工建设档案,发现老体博馆的质量问题属于"先天不足",档案中的竣工总结报告这样写道:"由于开工较晚,设计也仓促,开工后问题较多,给施工带来了许多困难,所以在施工过程中不断出现修改,因而设计变更洽商较多。在使用功能方面也存在着较多的不能令人满意的地方,有些属于考虑问题不周全,有些属于个别专业不熟悉,有些属于漏洞忽视,有些属于各专业衔接不够。"由此可见,在工程竣工验收之前,很多问题都已经出现或者被发现了,但在特定的情况和背景下,可能就被逐一忽略、淡化掉,在出现问题时责任也就难以追查和分清。

(三)工程分包中产生的新问题

多产生一次权力寻租的威胁。现代建筑工程项目建设中,多一次分包就多一次权钱交易的可能性,多一次权力寻租的潜在威胁。以货币为目的腐败更贪婪,何止是贪婪,甚至是达到了疯狂的程度。分包导致管理多层次复杂化,分包工作因其复杂性,若只设立了机构而无健全的规章制度,还谈不上是管理。分包合同作为建设工程合同的一个特例,其履约期限较长,而且经济关系也错综复杂。除了分包方按合同要求完成一定的工程项目,收取相应的工程款外,为了整个工程考虑,发包方可能还会在主材、风、水、电、油料等辅材及动力、机械的零时租用等方面为分包方提供有偿的协助。劳务分包其本质是认为将施工这一整体行为区分出单独的劳务部分,本身并无科学依据支撑,是通过劳务分包企业相关制度的建设保护劳务工的合法权益，实质上是帮助施工企业摆脱劳动用工的风险，损害了劳务工的实际利益，将风险由处于关系链条最低端的劳务企业承担，最终也就是由劳务工承担。因此，劳务分包这一形式并没有解决建筑市场中劳动用工的乱象，反而将其中的法律关系复杂化。

分包作业的不规范。在分包过程中，分包商的施工质量不佳，材料质量方面以次充好、鱼目混珠，导致整个分包工程的质量下降、不符合技术要求、技术规范以及设计要求的事件屡屡发生。还有的情况是：分包商的现场管理人员和技术工人的素质不高；分包商工期拖延；分包商只顾自身工程的管理，并且总是内敛的管理自身，忽略项目整体的系统性。由于建筑行业内部的分包管理体系不健全，缺少一套严格的分包管理的制度，这样就造成一部分信誉不好的分包单位，没有经过严格要求就进入到招标程序承包工程，更有甚者是"先进场，后买票"。还有一些分包企业由于这种制度的不严密性，都造成整个工程的质量不合格。

三、现代建筑工程专业分包中的质量控制特点及机制

现代建筑工程项目分包在宏观上可分为分包前、中、后三种情况，分包商在分包体制下的质量行为和内部控制机制则是微观因数。如何探究现代建筑工程中分包工程的质量控制，必须从这些微观因数出发才能研讨出工程分包之后分包工程的管理者和实施者之间角色的微妙转变，这种转变是影响工程质量的重要因素。

（一）分包工程的特点和非分包工程的特点

总分包是指业主将现代建筑工程整体发包给总承包单位，总承包是指总承包单位竞争接到业主发包的总体工程。这是一个概念的两个面，即看相对于谁而言，相对业主而言，分包工程分为平行分包模式和总分包模式。例如，平行分包就是建设单位的行为，由其将建设工程分解发包给若干个资质单位，而对于总分包模式，业主将工程整体发包给总承包单位，其中部分专业的工程，总承包单位可以将其发包给专业的施工单位和劳务公司。非分包工程不是一个绝对的概念，总承包单位可以将其发包给专业的施工单位和劳务公司，其总承包主体工程必须由总承包单位实施操作完成，因此非分包工程是整个总承包工程的核心。

平行分包是指业主将建设工程的设计、施工以及材料设备采购的任务经过分解，分别发包给若干个设计单位、施工单位和材料设备供应单位，并分别与各方签订合同。分解任务与确定合同数量、内容时应考虑工程情况、市场情况、贷款协议要求等因素，其优点体现在：①有利于缩短工期，设计阶段与施工阶段形成搭接关系；②有利于质量控制，合同约束与相互制约使每一部分能够较好地实现质量要求；③有利于业主选择承建单位，合同内容比较单一、合同价值小、风险小，无论大型承建单位还是中小型承建单位都有机会竞争；其缺点则是：①合同关系复杂，组织协调工作量大；②投资控制难度大，总合同价不

易确定；③工程招标任务量大，施工过程中设计变更和修改较多。

总分包模式是将工程项目全过程或其中某个阶段的全部工作发包给一家符合要求的承包单位，由该承包单位再将若干专业性较强的部分工程任务发包给不同的专业承包单位去完成，并统一协调和监督各分包单位的工作。这样，业主只与总承包单位签订合同，而不与各专业分包单位签订合同，并易于发挥总包单位的管理优势，有利于降低造价。采用总分包模式的特点包括：①有利于项目的组织管理，由于业主只与总承包商签订合同，合同结构简单，同时，由于合同数量少，使得业主的组织管理和协调工作量小，可发挥总承包商多层次协调的积极性；②有利于控制工程造价，由于总包合同价格可以较早确定，业主可以承担较少风险；③有利于控制工程质量，由于总承包商与分包商之间通过分包合同建立了责、权、利关系，在承包商内部工程质量既有分包商的自控，又有总承包商的监督管理，从而增加了工程质量监控环节；④有利于缩短建设工期，总承包商具有控制的积极性，分包商之间也有相互制约作用。此外，在工程设计与施工总承包的情况下，由于设计与施工由一个单位统筹安排，使两个阶段能够有机地融合，一般均能做到设计阶段与施工阶段的相互搭接；⑤对业主而言，选择总承包商的范围小，一般合同金额较高；⑥对总承包商而言，责任重、风险大，需要具有较高的管理水平和丰富的实践经验。当然，获得高额利润的潜力也比较大。

非分包工程的特点在建筑工程领域较为鲜明，主体工程主要是指基于地基基础之上，接受、承担和传递建设工程所有上部荷载，维持结构整体一陀、稳定性和安全性的承重结构体系，其组成部分包括混凝土工程、砌体工程、钢结构工程等，这些工程都是建筑工程质量控制的主要、重要部分。在总承包模式下，主体核心工程必须由总承包单位实施操作完成，这种工程具有以下特点：

（1）资质等级要求高。现代建筑工程的资质要求对应于总承包单位的资质等级，只能有过之而不能无不及，总承包单位必须要有大于等于工程资质要求的资质等级，方能承揽该项工程。

（2）单向管理。分包工程一般都要接受自身和总承包商的双重管理；而非分包工程都有总承包自行完成，其管理都是单向自我管理。同样，由于管理方面的便捷性和指令传达路径不长，不易存在管理松散和指令滞后的现象。

（二）分包体制下的分包商的质量行为分析

所有现代建筑工程项目的承包商都是由一个或者多个分包商构成的，对于工程质量来说，总承包商和分包商的行为对工程质量会产生直接的影响。分包模式推行以来，分包商对于自身的责任和义务定位发生了一定的改变，在分包体制下总承包商的首要任务是将工程实行分包，选择合适的分包商来实施分包工程的设计、施工并对分包行为进行监控，这既是分包商的权利也是分包商的职责和义务。因此，对于总承包商来说，在进行企业自身管理的同时还要对其所选择的分包商的具体的行为实施管理和监督。分包商在其具体的工程实施过程中要接受总承包商的监督和管理，对于总承包商来说，他们的承包工程中包含了众多的分承包商，所以对于工程质量来说，主要是受不同分包商质量控制行为的影响。因此，现代建筑工程质量控制行为是多方面共同作用的结果，要想保证工程的质量必须全面协调好各方面的质量控制行为。

从以上的分析中可以得知，传统工程承包模式下的质量控制行为和现行的分包模式下的工程质量行为的本质是相同的，其主要的目的都是为了保证工程质量的实现，但是从承包商具体的质量控制的范围以及其组织控制质量行为控制的形式和手段发生了很大的变化，如表 3-1 所示：

3-1 传统承包和总承包体制下承包商质量行为的对比

	传统承包体制下的承包商	总承包体制下的承包商	
		总承包商	分包商
质量行为的具体表现	承包企业的自身行为	总承包企业的自身行为、总承包商与各个分包商的互动行为	分包企业的自身行为 分包商与分包商的互动行为 承包商与各个分包商的互动行为
质量行为的实施范围	各承包商企业内部	总承包商企业内部、总承包商各个分包商之间	各个分包商企业内部 总承包商和各个分包商之间 分包商与分包商之间

分包商的质量控制行为发生了较大的变化，与传统模式下相比分包商的地位没有发生任何改变，但是从其质量责任方面看明显提高，分包商对于分包商要负责。那么，对于分包商来说分包商在实行质量控制行为的情况下，还要实施对分包商的质量行为进行管理，这一特点是在传统模式下所不具备的。从分包商对分包商质量管理的过程中可以看出，分包商对分包商质量管理活动的主要表现在以下三个方面：（1）审查分包商的工程设计方案、施工技术并对其工程的进度和质量进行严格控制，设立明确的资金使用机制；（2）对分包商进行工程建设过程中出现的一些问题以及困难进行及时的帮助和支持，保证分包工程的正常进行；（3）严格执行分包合同，对于分包商出现的违约行为进行严厉地惩罚。

分包商地位引起的行为变化，在分包体制下分包商的地位发生了很大的变化，但是分包商和传统承包模式下的承包商还有着较为紧密地联系，现行的分包商大多数都是由以前的承包体制下的工程建设和设计单位转变而来的。传统模式下的工程设计、施工单位和建设单位之间直接签订工程设计和施工合同，他们的行为对建设单位负责；而在现行的分包体制下，设计和施工单位转变为了分包商的角色，因此他们的行为受到分包商的管理和约束，对分包商负责。从上面的分析中可以看出，在分包体制实行以后，分包工程建设和设计的主体没有发生根本的改变，但是其地位却发生了很大的改变，其参与工程建设的权利和义务以及责任和传统承包体制下的行为发生了根本的变化。

（三）分包商质量行为影响因素分析

影响分包商现代建筑工程质量主要有两个方面的因素即内因和外因，分包商都有相同的内在因素，就是工程项目所需要的成本、企业的内部劳动规则完善程度、工程完成的工期与工程造价的合理性，其都与分包商质量行为有直接关系。

主要外部影响因素体现在：（1）一项普通工程的分包商从几家到几十家、几百家都有，而项目较大的工程有成千上万个分包商也屡见不鲜。因此，每个分包商不可能都具有很高的专业素养、操作技能以及职业道德。一些分包商会暗中投机谋取暴利，也会在所有的分包商中起消极带头作用影响整个工程的质量，而如果分包商都具有良好的职业操守，发现不符合规范的分包商就进行制止，就会从源头上解决分包商不符合规范的行为；（2）分包商质量行为的规范程度。分包商相当于工程项目的第二个负责人，所承包的工程多数是由分包商实施竣工，分包工程质量达不到标准，将直接阻碍工程的整体质量达标，分包商要承担相应责任并无法向建设单位交代。因此，总承包商对分包商进行监工，时刻提醒分包商要保证完工质量。分包商对于质量监督的执行力度充分的反映出其对工程的总体质量重视程度，如果分包商具有很强的专业素养和职业道德，那么分包商的施工质量就毋庸置疑了。反之，分包商不把施工的质量放在首位，而暗中降低产品质量，或者与分包商暗中勾搭进行削减工料，降低用料质量谋取暴利。分包商操控着整个工程的质量，其具体操作规范对所承包工程的质量有一定的影响；（3）二级市场的完善程度低，所谓二级市场是工程的总承包把专业性强的工程分给有资质的分包人，和将所承包工程中的施工劳务承包给有资质条件的劳务分包人完成的市场统称。例如，分包的主体鱼龙混杂、素质不高，根本不能保证所承包工程的质量以及不具备相应的专业素养等问题屡见不鲜。分包主体使用有资质企业名义对外承接工程，为分包商提供不符合规范操作平台的都要受到不同程度的处罚。

（四）分包商行为的内部控制结构设置机制

进行分包业务的承包商与承包商之间的掌控，大部分是根据该企业内部结构的上级与下级之间的指导关系，也可以把这一行为视作承包商的内部调控，是承包商进行综合掌控和经营管理的基础。把内部控制作为一个实施过程，而不是一成不变的规章制度，能够及时对整个过程进行操控。内部控制主要是对组织成员、绩效、组织成员的行为三个方面进行控制，简单地说就是控制组织成员的行为能力。施工企业领导者的经营运作风格对内部控制的形成有一定的影响。根据经营管理的整个过程对内部控制结构进行调整，详细地概括为：（1）掌控所处环境，环境各方面的因素是企业进步的动力。所处环境的控制主要是指对诚实守信的做事做人准则与社会普遍的公德观、职工的专业素养与办事能力、股东会与董事会设立的审计委员会、管理理念和企业的个性经营特征、组织与机构、承担的责任和赋予的权力、人力资源的管理概况和实际事务等全面进行操控；（2）风险鉴定，主要包含风险的辨析与发现风险存在的原因。风险的辨析主要从科学技术突飞猛进的发展、客户的需要、与既定目标发生变化、同行竞争、国家颁布的新规定、自然灾难、经济环境的变化等方面进行全面地看待，而对于风险存在的原因以及降低风险带来损失的措施主要从预计风险带来的损失多少、风险发生的概率、平时需要注意的事项等方面进行考虑；（3）信息和沟通，信息和沟通紧紧环绕着控制活动，通过这些系统的运用能够实现职工获得在执行、管理以及控制过程中需要的相关信息，并实现及时的信息交换；（4）监督是运用检查控制活动完成对控制系统的监督，第一是分工比较明确，把每个职员的具体职责都分配到位，不仅是董事会、领导阶层、机构中的任何一个人都对内部控制负有不可推脱的责任，所有的工作人员都齐心协力，积极做好企业的内部控制，而不是消极被动的遵照实行；第二是把内部控制和企业的运行管理过程紧密联系在一起，内部控制可以有效地辅助企业管理，但不能取而代之；第三是内部控制作为一个动态管理的过程，它是在企业的管理中遇到问题、处理问题、遇到新问题、处理新问题的周而复始的过程；第四是以人为本，强调"人"的重要性，注重"软控制"的重要性，注重精神层面的发展，例如高层管理方式、管理理论以及企业文化等；第五是强调成本和效益协调发展的原则，内部控制是一种约束不规范行为投入的资本和不规范行为产生的累计数额之比所形成的状态。

对于现代建筑工程项目的承包者进行内部控制的行为进行理解，为了使其质量行为更加符合行业规范、工程质量标准，承包商股东组成的董事会、领导机构与职工齐心协力、共同完成这一目标。由此可知，承包商进行内部控制是企业的各部门根据上下关系，通过上传下达得以完成。行为内部控制能从一定的程度上保证工程的质量，对此也有与之对应的应对措施，做好内部控制的相关工作。虽然施工企业内部操控经验不足，发展较慢，但是通过十几年地努力，也收获了不少，诚然与西方发达国家相比还存在一定的差距，可内部控制的构思与表达出的理念有利于提高我国承包商企业的内部控制能力，尤其是在企业竞争激烈的经济环境下，承包商更要与时俱进控制好内部机制，才能使企业立于不败之地。

第四节　现代建筑工程领域分包工程质量控制的对策

分包工程从阶段上划分为分包前、中、后三期，在提出对策方面也将从这三个阶段的划分一一展开。工程分包前，施工分包商的遴选尤为重要，而分包以后将从材料进场、现场管理、施工过程中监控等方面进行质量控制；而在竣工验收阶段，主要加强竣工资料和隐蔽工程的检查，而对于分包工程产生的新问题，也提出了相应的解决方案。

一、分包工程前的质量控制

（一）严格审核分包方的资格

现代建筑工程项目的分包方选择好或坏，对分包工程质量和施工中的管理有重要影响，而且《合同法》和《建筑法》等法规对分包方的资格也有明确的规定，总包单位开展分包工作时，在严格遵守法律规定的同时，应做好以下工作：（1）应由总包单位的合同管理部门对分包队伍实施统一管理，可为每家分包队伍建立档案，对首次分包工程的队伍，应作好以下资格审查，包括：①严格审查分包方的营业执照、资质证书和安全资格证书等证件，确定分包方可分包工程的类别；②严格审查分包方的人员素质、机械设备、资产负债状况。通过这些审查了解分包企业的施工实力，判断分包方是否具有履约能力；③调查分包方以前的业绩，了解分包方以前施工的工程类别、工程质量、履约信誉等情况，以判断分包方是否可以在本企业分包工程以及能够分包哪些工程。通过以上的调查收集到资料后，应由合同管理人员整理好，并通过合同管理小组会议来分析评价，在合同管理小组做出合格评价后可登入合格分包方名录内，供选择使用。所有资料都应放入分包方档案并妥善保管；（2）采用模拟招标选择具体的施工队伍。在确定分包项目后，应将工程有关情况同时通知几家队伍，由他们对价款、施工组织、投入的人员、设备以及质量保证措施、工期保证措施、安全保证措施等做出明确地表示，企业择优选择；（3）加强对分包队伍的管理，定期考核其履行合同的表现，将考核结果记入其档案中，并根据考核结果做出好、中、差的分类，对于表现好的以后可较放心地使用，对于评价为差的应禁止再使用；（4）建立合同管理文档系统，注重分包合同资料的收集，管理分包工作将会产生大量资料，如协议书、图纸、变更设计、验收记录、工程隐蔽记录、结算付款单、往来的信件、交底资料以及索赔资料、会谈纪要等，这些资料均是分包合同的组成部分。企业应对这些资料的审查、保存做出相应规定，并按要求妥善保管，这样不仅可以弥补自己工作中的不足，而且可以有效地对付分包方的索赔，并预测分包的法律后果，对保证分包合同的顺利履行及减少同纠纷和维护企业利益均具有重要作用；（5）加强过程控制，确保分包合同认真履行，分包工作要想按照预期的目标进行，必须对分包合同的签订、履约进行全过程控制。

（二）选择有资质和信誉好的分包队伍

对于施工承包企业和分包单位，国务院建设行政主管部门对其资质的划分和经营范围都有明确的规定和划分，这样就从根本上维护了建筑市场的正常有序的秩序运行，并且加强了管理，保障了承包和分包单位的合法性，也维护了双方的合法权益，而且可以控制分包单位的工程质量。对这些建筑企业和单位按照不同的承包能力，分为三种等级标准，分别是施工总承包、专业承包和劳务分包这三个级别，在每一个级别中又有更详细的经营范围的界定，企业和单位在承揽工程的时候，必须严格按照所规定的范围经营和承揽项目，不得超范围经营，而且在管理方面，行政主管部门对企业和单位的资质也施行动态式管理，定期进行与之资质相符的考核，以确定资质的升级或者资质不足。

从质量控制的角度讲，在前期选择分包队伍或者单位的时候就必须应该考虑其资质和信誉，这样才能从根本上杜绝工程质量的问题，应考虑的因素有：国家对于该单位的资质认定是否符合分包工程的要求，是否超范围经营；该单位或队伍中的主要技术和管理人员是否有相关的经验和基本的能力；在其他合作的单位中其队伍或单位的口碑和信誉如何，是否有不良的口碑和记录；是否之前与本单位有过合作，合作的情况如何。具体来讲，审查分包单位的内容包括：营业执照、企业资质等级证书、特殊行业施工许可证、国外（境外）企业在国内承包工程许可证等；审查专职人员和特种作业人员的内容包括有：资格证、上岗证，还有其他质量员、电工、电焊工、塔吊驾驶员证等。根据这些基本的判断，选择两三家队伍或者单位进行全方位的考查和比较，最后才能确定分包单位。

确定分包单位之后一定要有详细的书面合同和协议书，这个是必须也非常重要的程序之一，因为双方合作关系长久良好而用口头合同取代书面协议的做法是坚决禁止的。不仅如此，分包合同中还应当明确具体工程的实施范围、质量要求、技术标准、完工期限、双方承担的权利和义务以及竣工时的合格标准。此外，总包单位的相关部门需要在施工过程中参与现场管理，而参与的具体手段如定期安全抽查、工程协助、质量评估等需要提前在协议书中明确。

假设资质信誉构成的要素中，资质等级、鲁班奖、省优工程和违约记录四项为一个分包单位主要识别因素，而其各自的比重分别是 0.3、0.3、0.2 和 0.2，该四家分包公司的情况如表 3-2、表 3-3 所示：

表 3-2　资质信誉情况表

分包单位	资质等级	鲁班奖（个）	省优工程	违约记录
分包单位 A	甲级	4	10	0
分包单位 B	特级	5	15	0
分包单位 C	甲级	5	8	1
分包单位 D	乙级	1	6	0

表 3-3　资质信誉情况统分表

分包单位	资质等级	鲁班奖（个）	省优工程	违约记录
分包单位 A	10	5	9	10
分包单位 B	10	8	18	10
分包单位 C	9	5	8	5
分包单位 D	8	1	6	10

（三）组织分包单位参加图纸会审

建设单位要在现代建筑工程施工前对图纸进行全部审核和组织分包单位进行图纸现场核对与会审。图纸的审核包括的内容主要有：本单位对该工程的基本要求，施工现场的基本自然和地质水文地质条件等；图纸设计的主要思路和想法，建筑艺术的要求，抗震级别的要求、设备设计等。对基础、结构和装修施工的基本要求，包括对新技术、工艺、材料的要求，建筑和工艺间配合的基本要求和施工中必须要注意的事项等。设计单位还要就承包单位提出的关于施工图纸中的问题进行详细答复和解释。

对于施工图纸的现场核对则是完全有必要的，因为施工图纸是工程施工的直接而且重要的依据，分包单位只有充分掌握和完全了解此次工程的各方面要求和思路，对于施工的工程特点和工艺设计进行全面掌握，才能在最大限度上减少图纸的差错，以免在开工之后进行更多的工程变更，影响工期、增加成本，从另一方面确保了工程质量的顺利完成。

施工图纸现场核对包括的内容分别有：首先要对施工图纸的合法性进行详细认定，是否是经过设计单位正式签署的，按有关规定经过审核部门认真审批的，建设单位是否同意认可的；图纸和说明书要保持高度一致和齐全，如果是分期出图，则图纸的供应必须要满足施工的要求；地下室构筑物、障碍物、管线等是否已经探明清楚并详细在图纸中标明；图纸中有无差错，遗漏或者互相矛盾的地方；图纸中提到的材料是否都能保证充足的供应，或者是否有替代品，所需的新材料和新技术的采用是否符合国家的相关规定，标准是否合适；图纸中所提及的施工工艺和方法是否合理、切合实际要求，是否存在不便于施工的现象；施工图或者说明中所涉及的所有标准、图册以及国家的相关规范和规程，承包单位是否完全具备；分包协议签订完成后，总包单位应尽快将施工图纸分发到分包商手中并邀请其参加相关的图纸会审。

分包单位因故无法参加的情况出现时，总包单位应当要求相应项目的项目经理和技术负责人就工程图纸开展严密的核查工作，对出现的任何有疑问的或者明显错误的问题进行分条列项，在与总包单位讨论并达成一致意见后，由总包单位负责在相关会议上提出经双方研究发现和修正的问题，听候与会者中相关设计或者监理人员给予的反馈意见和结论。

严把开工关，对图纸进行审核之后，分包单位设计的《施工组织设计》或《工作方案》就可以交给总包单位的技术性掌控人员来审核了。在进行该步骤时应该看分包单位设计的工作方面详细信息是不是能够与设计图纸、审核要求、合同规则相符合，尤其是在工作期限将至之时，必会用到交叉作业，在这种情况下，看解决方法是否得当有效、是否能够遵守法规法律和相关的技术要求；如若不能，则应该向分包单位发出提醒，要求其尽量做好，等待分公司完善相关任务之后，可以重新审核，再进一步同意其正式的开工。在分包工作开始之前，总包单位的相关部门还需对分包工作的重要工作人员和工作设施进行检查。由于如今建筑市场或多或少都有不标准之处，分包工程有被转包出去的可能性，需看总包单位的相关部门对分包工作的重要工作人员和工作设施的检查是否有效，主要是按照分包单位设计的工作方面的《施工组织设计》或《工作方案》来进行检查的，看工作当场的实际进场人数和工作当场的设施是否与分包单位设计的工作方面的《施工组织设计》或《工作方案》规定相符合；若结果有问题，总包单位的相关部门可以向分包单位发出提醒，要求其对相关情况做出调整和改善，直至达到标准要求。

二、分包工程中的质量控制

要掌控分包工程的质量，总包单位要有优秀的现场管理人群，以便能对分包工作的每个细节和各个层面的工作情况进行监控，若要实现掌控分包工程的质量需把握以下方面及所对应的要点。

（一）工作技术准备情况的控制

工作技术准备情况指的是在真正的开始工作之前，各方面各层次的相关工程准备情况是否已经达到预计要求，比如参与工作的人员、原料、设备、工作环境、安全性等。对作业技术准备情况实行检查，推进落实工作条件，使得现实与计划不至于有很大的偏差、承诺和行动相符合。制定质量掌控体系，质量掌控体系在改善工作质量中扮演着非常重要的角色。比如重要技术、关键地方、有待改进的层面、难以掌握、缺少经验的工作项目和新兴的技术、设施等，都需要质量控制体系进行重要的掌控；掌控质量的专业人员对各层面工作的属性进行研究之后，按照质量控制体系来研究出影响质量的因素，进一步寻找解决措施以提前进行防治。

制定质量掌控体系是帮助工作质量达到要求的前提条件。在工作开始之前，掌控技术人员就得提出要求，使得工作单位必须要按照质量掌控体系的要求，实行工作，并把质量掌控体系表公开出来，表中要有各个质量掌控体系的名称和相关要求的内容、检查的标尺和手段等，然后再由监管专业人员审核，等得到准许之后再对质量进行分析掌控。监管专业人员在制订工作计划之时应该加以慎重，并以相关规定来保证落实。简而言之，制定的质量掌控体系要有准确性和实用性，为达到这一点，首先需要让有经验的专业技术人员来制定；其次，可以结合众人的提议和方法，然后交给相关人员进行总结。用这两种方法来制定质量掌控体系需要注意：对所要求的质量属性进行重点掌控显得尤为重要，选取需要掌控的重要地方、工作步骤作为质量掌控体系实行的重点，提前预计和掌控是对质量掌控的最实用的方法。对工作技术的详细要点掌控好，承包单位能掌握工作技术的详细情况，是获得高质量工作的因素之一。为达到这一点，在实行各方面的工作之前，都要一一掌握详细，掌握工作技术的详细情况使得各层面工作变得更加具体和明确，而这种技术工作方案可以很好地为各层次的工作进行指引。为了做好掌握技术的详细，项目经理部门一定要让主管技术人员来写技术的详细信息，然后得获取项目总工程师允许。技术的详细涉及工作方法、质量规定、评估标准、工作中能够引起重视的问题、对突发情况的解决方案等方面，技术的详细报告要依照具体工作的相关操作人员、工作设施、原料、工作环境、实际的管理方法等方面来制定。技术的详细报告要指明目的、完成目的的人员、工作步骤、工作标准、工作期限等。

（二）进场材料构配件的质量控制

对于工作进程中的非成品、原料和设施统统都得进行检查，这里所提到的三个方面都是工程质量最基本的结构，因此对待这三个方面的检查一定要严格，若这些不能达到要求，那么工程质量将会受到其很大的影响，甚至还会出现工程安全事故。这样一来，总包单位在工作的过程中必须得对非成品、原料和设施的质量有着很好的把握，要提醒分包商在对供应商或者产品的选取时必须小心为重，如果受国家规定要进行复检的产品或者原料，必须得清楚地看到检验过程，通过检查之后才能加以使用。应该依照非成品、原料和设施等其属性和对各种环境的不同要求，把它们置于适当的环境条件中存放，以免其质量受到损害。比如说存放水泥应该特别注意防潮问题，存放的时间一般来说不可以比三个月长，不然水泥会结块；若超过 3% 的湿度，硝铵炸药就很容易结块、丧失性能，所以存放的时候也应该特别注意防潮；胶质炸药的冰点温度可以达到 +13℃，冻结后非常容易爆炸，因此，保存的时候应控制好温度；还有其他的一些化学原料可能需要避免光照；一些金属材料和设备应该防治生锈等。若没有好的存放条件，监管专业人员可以向承建单位发出提醒，要求其做出相关的改善直至达到标准，对于存放适当的材料，监管专业人员可以按照规定的时间周期进行检查以便掌握其质量的情况。另一个方面在对设施、材料等进行正式使用之前，监管专业人员要对其质量进行相关的检查；若检查有不合格的，比如水泥由于长时间存放而导致结块使得质量降低，则不可加以利用，或者使用到更低等级的工作中。

（三）环境状态的控制

（1）控制施工作业环境

电力、水、灯光设备、人身安全保障设施、通道和工地的空间环境、进出口道路的基本路况等条件统称为施工环境。现代建筑工程是否能够按时完成和工程质量的保障是受施工条件决定的。如果灯光照明不好，会造成的后果包括高精度作业难以完成，难以保障工程质量；工程施工现场的道路条件不佳，妨碍施工，同时可能会道路运输不畅和延误时间，水泥工程车装载的水泥的搅拌材料质化，例如坍落度和水灰比的数值改变；道路路况条件差，这会导致水泥搅拌材料分离解析，水泥浆液的减少等；此外，在一个工地上有很多个不同工程施工队伍或者是由不同公司承建的情况下，应该关注的问题是防止在混合交叉施工过程中相互影响，最终导致工程质量下降和安全问题的发生。因此，为防范这类情况的发生，工程监理人员负责检查施工单位在工程施工空间条件的安排是否符合标准和施工规范，在完成检查合格后才能进行工程作业。

（2）控制施工质量管理环境

承建单位的质量监管体系和工程质量的自我检查体系的系统状态统称为工程质量监管

环境，同时这个管理体系主要包括了制度条例、体系架构、检查规范、队伍建设，确保责任到人的制度的实行；工程监理必须完成对承建单位的工程质量监管状态的检查工作，而且这也是保证工程质量的基础条件。

（3）控制现场自然环境条件

工程监理人员负责检查承建公司，在以后的施工作业阶段，有时外界的自然因素可能会导致工程质量的下降，对于这种情况的发生需要有预见和提前做好防范及解决问题的有效措施来确保施工质量不受影响。比如这些情况，寒冷条件下的防止冻结；高温条件下的预防温度过高；高地段的地下水位的基坑的除水或者细砂基础的防流失细砂；工程现场中的防积水和排涝；在水底打桩或者沉箱的情况下工程质量易受水流和风的干扰。此外，地基深度深的主建筑竣工之后有没有出现不符合一般情况的下降，导致整体建筑的质量下降；施工的外界环境影响建筑的工程质量安全，外界因素包括附近有有毒或易燃气体，附近的高建筑、其他的地基深的现代建筑工程质量是否能够保证施工安全等，需要在意对于这些情况的发生是否有预案和提前安排解决问题的有效措施。

（4）控制进场施工机械设备性能及状态

总承建公司需对下面的施工队伍的工程设施采取不定时检查的措施，尤其需要检查的是升降传送设施，应该具备拆装方案且经符合规范的机构组装检验合格才能工作，确保工程设备与机械设施的工作状态处于正常情况下，避免对工程的作业质量有不利影响。所以，施工监理人员的职责是负责施工的正常进行，经常检查和监管承建机构，从而保证正常工作的设备和设施进入工程施工的现场。检查进入工地的机械设备，由承建机构向工程监理部门送交进入施工现场的设备的数目、型号、大小、工作参数、装备情况、进入的时间，这些是在设备进入之前要完成的，当设施进入工地后，监理人员根据承建公司提交的材料进行审核，检查报表和工程的施工计划是否有出入。检查机械设备工作状态，对设备的使用和保养进行登记及技术参数的检查是工程监理的职责范围，像大功率的推土机、开凿装备及大型的压路机这样的重要的机械设备应当进行当场多次检查，检查内容包括启动和行进，这样才能确保入场的设备工作性能完好，同时工程监理人员要不定期检查工程设施的情况，并督促承建机构进行维护来确保设备的优良工作性能。审核特殊设备安全运行，关于特殊设备使用，比如塔式起重机这样有特别要求的机械装备，务必经过安全机构检验合格且办理有关的合法手续后方能进入现场进行作业。

（四）施工作业过程中的监控

做好施工现场的监督工作，工程的质量控制不能仅仅依靠完工的验收，主要还是依靠对施工过程的监控；施工的过程包含了一系列复杂的相辅相成的作业活动，所以保证工程施工的流程规范和质量才能使整个工程质量得到保障。在整个施工过程中，对于工程质量的控制要做到以下关键点：监理人员要在现场做好检查以及监督工作，检查工作要以原始记录作凭证，对监理日记等资料要做到积极准确的记录和规范管理，采用灵活多变的监理手段对工程质量进行及时恰当的控制。施工作业过程中的监控最常用就是调查分析法。例如，混凝土试件的取样，有以下情形的都必须进行采样检查：（1）每拌制 100 盘但不超过 100m³ 的同配合比的混凝土，取样次数不得少于一次；（2）每工作班拌制的同一配合比的混凝土不足 100 盘时，其取样次数不得少于一次；（3）当一次连续浇筑超过 1000m³ 时，同一配合比的混凝土每 200m² 取样不得少于一次；（4）同一楼层、同一配合比的混凝土，取样不得少于一次；（5）每次取样应至少留置一组标准养护试件，同条件养护试件的留置组数应根据实际需要确定，如果发现试件的检测不合格，该批次的混凝土将视为不合格。

在对施工进度的管理工作方面，各工段的承建单位要严格按照总承建单位的《施工组织设计》中的工程总进度设计，对各个环节的工程进度要严格控制，做到工程进度必须要符合合同要求。在施工过程中遇到影响工程进度的极端天气或者其他因素时，分包单位必须以书面形式向总承建单位进行申请，获得批准方可对现代建筑工程进度进行调整。

做好对施工流程的质量监管工作，对分包工程的施工流程规范，总承建单位要做好相应的监管工作，可以安排专人进行定期或者不定期检查，检查主要着重于以下要点：施工流程是否符合相关的审批方案；施工的工序是否按设计图纸的要求进行；施工流程是否符合当前的行业标准以及法律规范；对于一些关键部位的施工流程更要做好全程监管，整个工程设计中会有一些需要隐蔽的部分，对这部分工程的施工流程，相关的监管人员要参与隐蔽前的验收工作，在此基础还要督促分包单位及时做好签收手续的办理工作。在检查过程中如发现不符合规范要求的要立即下令停工进行改正，直到符合规范要求方可重新进行施工，只有做好现代建筑工程施工中每个环节的质量控制工作才能保障整个工程质量达到设计要求。

监督施工单位文明施工、安全施工，总承建单位的施工现场安全人员要对每个分包单位进行安全技术交底，要定期或者不定期地对施工现场进行安全检查，在检查过程中可按《建筑施工安全检查标准》对施工过程进行评分，发现需要立即进行整改的安全隐患要做好整改的验证工作；对于不能进行立即整改的安全隐患，要递交《安全隐患整改通知书》，督促分包单位限期整改，整改完成后安全人员还要做好复查工作，直到施工符合安全规范要求。

三、分包工程竣工验收的控制

对现代建筑工程所包括的分包工程验收由总承建单位负责进行，在工程完工后总承建单位要进行两方面的验收工作，即实物质量验收和技术资料验收，做好以上两种验收的关键点是加强对隐蔽工程的检验及建立健全相关法律和制度以压缩权力寻租空间。

（一）实物质量验收

分包单位履行完承包合同中的义务后，总承建单位应当要求分包单位做好自检工作，自检合格要准确填写《工程竣工报告》并递交总承建单位。实物质量的验收工作由总承建单位组织进行，检查的内容包括：所承担的现代建筑工程中的实物质量检测、工程质量是否符合图纸要求、实物质量是否满足《施工方案要求》、能否满足《施工组织计划》的要求等，在验收过程中发现存在问题的责令分包单位进行整改，并直到符合规范要求。

（二）竣工资料检查验收

现在在工程建设过程中将工程进行分包是一种重要的手段，这样的做法符合市场经济的发展要求。分包单位要做好所承担现代建筑工程中所对应的技术资料、竣工资料等的整理工作，并要符合工程所在地的档案管理要求，整理完成后要提交总承建单位。由总承建单位的相关人员对其进行检查、核实，检查过程中发现有虚假信息或者漏报的可要求分包单位补全资料或者填写真实信息、工程保修书。工程完工后分包单位向总承建单位交付工程时要附带《工程保修书》，其内容必须符合《建设工程质量管理条例》的相关规定，并且要明确保修期限以及保修范围。总承建单位要确定分包工程的施工质量以及验收资料都能通过验收并符合相关规定才能进行分包工程的移交工作，和分包单位做好移交手续的办理工作之后再进行工程结算。

（三）加强分部分项工程的检测

建设行政主管部门、安全监督机构对工程项目施工现场应做到跟踪监督、过程控制，将工程竣工验收的很多工作分步实施在工程建设过程之中，防止、纠正发包方、代建方、设计、监理、总承包商、分包商甚至是现场实际施工人在工程建设过程中出现质量、安全问题，确保工程建设过程可跟踪、可控制，工程竣工资料真实可追溯，发现问题及时追究问责、及时整改。在工程项目验收中切实增加科技含量和定量分析，全面应用科学先进的检测仪器和设备，在工程建设过程中和工程项目竣工验收中实地取样检测或者全面检测，发现检测不合格或者达不到质量要求、合同要求的分部分项工程绝不能放任不管或是任其蒙混过关，为保证工程项目的整体安全应从严要求、整改到位。

四、分包工程新问题的解决措施

（一）建立健全相关法律和制度

通过完善法规和制度来科学配置权力，把相关的建设管理部门及其工作人员掌握的行政审批权、许可权、验收权等权力压缩到合理的限度，并通过权力制衡设置来监督或者约束权力正确、公开地行使。应明确建设管理部门及其工作人员的权限和职责，完善审批、检查、检测程序并向社会公开以增加透明度。通过科学配置权力和规范程序，从源头上制约公共权力对工程建设领域过多的干预，减少相关部门及其工作人员滥用权力的机会，防止权力部门化和个人化，最终防止以权谋私。在工程建设领域，不论是政府和建设管理部门，还是检测机构，抑或是发包方、设计、监理和承包方，都应该通过廉洁从政教育以提高各自工作人员的廉洁自律意识，促使本部门及其工作人员遵纪守法、遵章办事，增强抗击腐败的"免疫力"和自觉性，确保工程验收合法合规地进行。

（二）增强完善管理体系机制

增强完善管理体系机制，建立质量管理的 PDCA 循环，在计划、实施、检查、处置各个环节充分实施。质量管理的计划职能，包括确定或明确质量目标和制定实现质量目标的行动方案两方面；实施职能在于将质量的目标值，通过生产要素的投入、作业技术活动和产出过程，转换为质量的实际值；检查指对计划实施过程进行各种检查，包括作业者的自检、互检和专职管理者专检；处置对于质量检查所发现的质量问题或质量不合格，及时进行原因分析并采取必要的措施予以纠正，保持工程质量形成过程的受控状态。在质量方针的指导下，制定组织的质量手册、程序性管理文件和质量记录，进而落实组织制度，合理配置各种资源，明确各级管理人员在质量活动中的责任分工与权限界定等，形成组织质量管理体系的运行机制以保证整个体系的有效运行，从而最终实现质量目标。

（三）建立合理分包制度和规范管理分包作业

在不影响工程质量、工期进度、造价成本的情况下，尽量避免无必要的分包。在现代建筑工程项目实施中承包商很可能是不具备所有的承包条件，即不具备专业工程的施工能力，在这种背景下可通过分包的形式就可以弥补其在技术、人力、设备、资金和管理等方面的不足；同时，总承包商通过这种分包的形式扩大经营的范围，承接自己不能独立承包的项目，从而扩大经营的收入。

分包从经济方面考虑是需要的，在某些工程上，总的承包商担心在技术上的不足和对工程没有十足的把握会致使出现纰漏，从而危及自己的利益。在该背景下总的承包商会将工程承包出去，该做法不仅可以避免损失，还可以从分包商处获得一定的利益。通过分包可以将总包合同的部分风险转给分包商，可以共同承担合同压力，进而降低总的风险，并提高工程的经济效益。分包的形式可以使专业化程度更高，总包向管理方向分化，分包商则向专业施工分化。总包商在技术上对分包商的依赖度进一步增加，更多的具体施工任务就要寻找不同的分包商来完成，分包商将专注于其专业核心竞争力和技术支持，同时分包商也会将一些不重要的辅助性工作外包，由更专业的分包商来完成承包商的战略目标，但分包内容在法律上是否可行，其关键是分析法律是否允许将这些内容分包出去以及分包商的资质能否满足法律的要求。经济上是否可行可通过静态或者动态的分析自行实施和实施分包时的现金流量来实现，即将自行实施和分包实施看成两个互斥方案，然后按照互斥方案对比分析的决策方法进行分析。风险上是否可行，主要分析分包之后的风险是否可控。

风险分析时可以采用风险分析的工具进行，首先对风险因素的各具体内容进行识别；然后对风险内容进行风险度量；最后进行风险决策，并选择合适的风险应对措施。确实需要分包的工程，首先要选择具备相应资质的分包商，在其资质内承揽业务。其次，在实际的管理过程中要加强对分包商的管理，例如材料可以监控，制止分包商工期拖延。在工程的进行过程中总包商要经常派监管人员去施工现场，对整个工程的施工进行相应的管理和制定明确的管理制度，对其进行奖惩，并与各方面及时交流和沟通以达到保质、保量的如期完工。最后，在合同中明确要求分包商承担协调配合整个工程的义务，并对现场的管理采用奖励、激励的措施，强化分包商主动配合总包管理的行为，弱化分包商内敛的行为，培育分包商树立项目整体的系统观念。

五、综合工程项目的质量保证

城市现代建筑开发项目工期的要求非常严格，大部分工程都因为拆迁及设计不到位等原因造成开工时间迟、前期进度延误。项目部为抢工期，不得不采取人海战术、减小工序间歇等措施进行抢工进而影响质量，因此，必须采取针对性的技术措施，严格实施过程控制，执行国家、行业、企业质量管理规定以确保质量目的的实现。

（一）建立质量管理小组

总承包项目部应做好现场工程的施工质量控制与管理，建立健全质量管理体系，制定相应的质量监控体系与管理措施。质量管理体系分为总包管理体系与区段管理体系，并分区段成立 P-D-C-A 质量管理小组，针对现场质量问题进行现场控制与管理。成立以项目经理为首的"质量管理领导小组"。总承包设立质量总监，进行质量监督。项目总工程师和质量管理负责人按时组织项目部经理、项目工长、各有关业务部门人员、各施工队队长、主管工程师和专业工程师进行检查，最终形成内外贯通、纵横到位的质量管理组织机构。

（二）编制质量控制计划

根据工程质量目标编制详细的质量控制计划，包括总体质量目标、分项工程质量计划等，并根据计划编制详细的质量保障方案，主要涉及人、机、材、法、环、测等六方面；编制创优策划，编制关键过程、特殊过程监控计划、专项方案，加强过程监控；明确影响质量的关键环节和关键因素，确定项目管理人员质量管理的职责，确定施工过程中的质量检验和试验活动；制定工程质量验收标准；确定保证质量计划采取的措施。

全面质量管理制，项目经理与各专业责任工程师及管理人员签订质量管理责任状，有时也要和各施工单位签订具有针对性的质量管理责任状。质量责任制要层层落实，明确质量目标，建立重要控制点，实施奖罚制度。项目部对质量各要素进行管控，从管理人员到操作工人，从进场材料到机械设备，从方案的制订、审批到施工环境、施工工序的控制，严控每一个工作环节，强化责任意识，保证工程施工质量。

项目部组织每周一次的质量检查评比，不仅把各分包的名次和存在的问题张榜公布，而且向各分包方的上级主管抄送一份综合检查的名次和检查存在问题的书面材料，以引起各专业分包主管领导和单位的重视和支持。区段要每天一次定期进行工程质量检查，对每次检查的工程质量情况要及时总结通报、奖优罚劣。各级质检人员坚持做好常规性质量检查监督工作，及时解决施工中存在的质量问题，预防质量通病和杜绝质量事故，使工程质量在施工的全过程始终处于受控状态。

（三）编制现代建筑工程质量创优策划

根据准备阶段的施工组织设计和质量计划工程创优的经验，要求编制《施工组织设计》和《质量计划》，主要描述项目的各项管理，其中包括施工部署、资源配备、职责分工、管理措施等，以达到项目管理的程序化、施工过程中的规范化的管理效果，尤其对施工中难点和重点做到有效的预控，并最终保证产品的质量。同时，准备阶段需要根据施工组织设计和规范、规程编制施工方案，实施阶段针对该工程的特点进行各分项、特殊工程、关键过程技术交底，指导工人严格地按照施工方案进行施工以达到设计及验收规范要求。

（四）实施技术交底及检验制度

坚持技术交底制度，每个分项工程开工前，由该项工程的主管工程师对各工艺环节的操作人员进行技术交底，明确设计要求、技术标准、定位方法、功能作用、施工参数、操作要点和注意事项，使所有操作人员心中有数，并做到以下几点要求：（1）坚持工艺试验制度项目采用的新工艺、新设计、重要的常规施工工艺等，在施工前均安排进行工艺试验，坚持"一切经过试验、一切用数据说话"的原则，优选施工参数，优化资源配置；（2）坚持工艺过程三检制度，每道工序均严格进行自检、互检和交接检；上道工序不合格，下道工序不接收；（3）坚持隐蔽工程检查签证制度，凡是隐蔽工程项目，在内部三检合格后，按规定报请监理工程师复检，检查结果填写表格并双方签字；（4）坚持"四不施工""三不交接"制度。"四不施工"即：未进行技术交底不施工；图纸及技术要求不清楚不施工；测量控制标志和资料未经换算复核不施工；上道工序未进行三检不施工。而"三不交接"包括：三检无记录不交接；技术人员未签字不交接；施工记录不全不交接。

（五）实施过程监控和样板制

过程监控的要求包括：实施多种监控方式；落实交底制度；实施施工方案交底、技术交底和施工班组交底；加强培训和考试；实施分级抽查、随机抽验和分项、分批检验验收；全面贯彻"三检制"的落实，全方位、全过程执行三检制；实施挂牌制度，要求每一区段注明施工操作班组及工作人员，加强操作人员的责任感；实施奖惩制度，主要是针对基础、主体、装修等施工阶段建立健全奖罚制度并在施工过程中严格执行。针对过程控制，定期开展专项治理质量活动，包括质量问题分析、不合格品处置和质量整改等。

在样板制的实施过程中要求设置"样板区"，对各分项工程制作样板，明确具体分项做法，以样板引路。

（六）实施成品保护以强化质量

成立成品保护小组，小组应对需要进行成品保护的部位列出清单，并制定出措施，特别是在后期装饰阶段。在施工组织设计阶段应对工程成品保护的操作流程提出明确要求，严格按顺序组织施工，先上后下，先湿后干，坚决防止漏水情况出现。地面装修完工后，各工种的高凳、架子、台钳等工具原则上不许再进入房间。最后油漆及安装灯具时，操作人员及其他人员进楼必须穿软底鞋，完一间，锁一间。上道工序与下道工序之间要办理交接手续，上道工序完成后方可进行下道工序，后道工序施工人员负责对成品进行保护。各楼层设专人负责成品保护，尤其是装修安装阶段，设置专门的成品巡查小组，发现成品破坏情况必须严厉处罚，各专业队伍也必须设专人负责成品保护。

成品保护小组每周举行一次协调会，集中解决发现的问题，指导、督促各单位开展成品保护工作，并协调好各自的成品、半成品保护工作，加强成品保护教育，质量技术交底必须有成品保护的具体措施。建立质量挂牌印章制度，每一处成品标明施工人员姓名、所属单位，实现人、企业名誉与产品的挂钩以加强质量管理力度。

第四章 现代建筑工程项目进度管理创新

第一节 项目进度管理

一、项目进度管理概述

《建设工程项目管理规范》（GB/T50326—2006）对项目进度管理的定义是：为实现预定的进度目标而进行的计划、组织、指挥、协调和控制等活动。

建设工程项目施工进度管理（以下简称：项目进度管理）是指在项目实施过程中，对各阶段的进展程度和项目最终完成的期限所进行的管理，就是根据项目的进度目标，编制经济合理的进度计划，并据以检查项目进度计划的执行情况，及时发现实际执行情况与进度计划的偏差，分析产生原因，并采取必要的措施对原进度计划进行调整（或修正）的过程。其目的是保证项目能在满足时间约束条件的前提下，实现项目总体目标。

项目管理者要根据目标工期要求，针对工程项目实施过程中的建设内容、建设程序、持续时间和衔接关系，制订相应的进度管理计划和具体措施，并在进度计划实施过程中不断检查其实际的执行情况、分析进度偏差原因、进行相应的调整和修改；通过对其影响因素的控制及协调，综合运用各种可行的方法和措施，将项目的工期控制在目标工期范围内；在兼顾安全、费用和质量控制目标的同时，努力缩短工程建设工期、节约工程成本。

项目进度管理与项目质量管理、项目成本管理是项目管理的三大目标，三者之间是相互影响、相互制约的关系。一般情况下，加快进度、缩短工期会增加成本，但提前完工为业主提前获取项目收益创造了可能性，也可以为承包商减少设施和设备的租赁时间和费用；工程进度的加快有可能影响工程质量，对质量标准的严格控制也有可能影响工程进度。通过制定严谨、周密的施工组织措施，既保证建设进度，又可以保证工程质量和有效控制投资费用。

企业应建立项目进度管理制度，制订进度管理目标。项目进度管理目标应按项目实施过程、专业、阶段或实施周期进行分解。项目经理部应按下列程序进行进度管理：制订进度计划；进度计划交底、落实责任；实施进度计划，跟踪检查，对存在的问题分析原因并纠正偏差，必要时对进度计划进行调整；编制进度报告，报送企业相关管理部门。

二、项目进度管理的内容

项目进度管理包括项目进度计划的制定和项目进度计划的控制。

（一）项目进度计划的制订

项目进度计划的制订在项目实施之前，必须先制订出一个切实可行的、科学的进度计划，然后再按计划逐步实施。其制定步骤一般包括：收集信息资料、进行项目结构分解、项目活动时间估算、项目进度计划编制等步骤。

收集的信息资料包括：项目背景、项目实施条件、项目实施单位及人员数量和技术水平、项目实施各阶段的定额规定等，必须真实、可信，以作为编制进度计划的依据。

（二）项目进度计划的控制

依据制定并获得批准的科学、合理的项目进度计划，向项目进度计划执行者进行交底并落实责任；在项目实施过程中，由于外部环境和条件的变化，往往会造成实际进度与计划进度发生偏差，须对项目进度计划进行检查与适度的调整，找出偏差产生的原因和解决办法，确定调整措施，对原进度计划进行修改后再予以实施；随后继续检查、分析、修正；再检查、再分析、再修正，如此循环往复，直至项目最终完成。

三、项目进度管理的基本原理

（一）系统原理

项目进度计划的编制受诸多因素的影响，不能只考虑某一个（或某几个）因素；项目进度控制组织和项目进度实施组织也具有系统性，项目进度管理应综合考虑各种因素的影响。

（二）动态控制原理

由于工程建设的复杂性，实际进度与计划进度会发生偏差。要分析和总结偏差产生的原因，及时采取恰当的方法进行调整和优化原来的进度计划，使两者在新起点上重合，并按新计划实施。但在新的干扰因素作用下，又需要对进度计划进行调整，如此反复循环、不断优化，直至项目目标实现。

（三）信息反馈原理

与项目进度相关的管理人员在各自分工的职责范围内，将实际进度信息加工、整理后，上报、反馈到项目经理部。项目经理部统计和整理各方面信息，通过比较、分析做出决策，调整施工进度计划，使其仍符合预先制定的工期目标。

（四）弹性原理

项目进度计划编制人员应充分掌握影响进度的原因，根据各类统计数据估计影响程度的大小及概率。在确定项目进度目标时，充分分析实施过程中潜在的风险，为编制项目进度计划预留空间，使其更具有弹性，便于应对不确定因素的影响。

（五）封闭循环原理

项目进度控制的全过程是计划、实施、检查、比较分析、确定调整措施和再计划的一个封闭的循环过程。

四、项目进度计划体系

项目进度计划是由多个相互关联的进度计划组成的系统，是项目进度控制的依据。如图 4-1 所示。根据项目进度控制不同的需要和不同的用途，可以构建多个不同的项目进度计划系统：

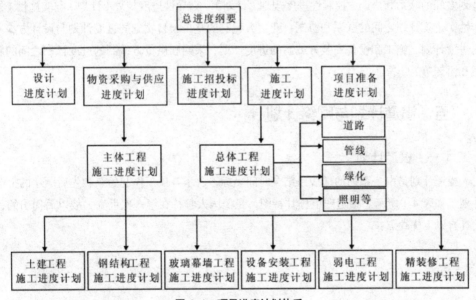

图 4-1　项目进度计划体系

（一）不同深度的进度计划系统

（1）总进度规划（计划）。

（2）项目子系统进度规划（计划）。

（3）项目子系统中的单项工程进度计划等。

（二）不同功能的进度计划系统

（1）控制性进度规划（计划）。

（2）指导性进度规划（计划）。

（3）实施性（操作性）进度计划。

（三）不同参与方的进度计划系统

（1）业主方编制的整个项目实施的进度计划。

（2）设计方编制的进度计划。

（3）施工和设备安装方编制的进度计划。

（4）采购和供货方编制的进度计划等。

（四）不同周期的进度计划系统

（1）中、长建设进度计划。

（2）年度、季度、月度和旬计划等。

各进度计划（或各子系统进度计划）编制和调整时，必须注意其相互间的联系和协调，如：总进度规划（计划）、项目子系统进度规划（计划）与项目子系统中的单项工程进度计划之间的联系和协调；控制性进度规划（计划）、指导性进度规划（计划）与实施性（操作性）进度计划之间的联系和协调；业主方编制的整个项目实施的进度计划与设计方编制的进度计划、施工和设备安装方编制的进度计划、采购和供货方编制的进度计划之间的联系和协调等。

五、横道计划与网络计划

（一）横道计划

横道计划是由一系列的横线条结合时间坐标，表示各项工作起始点和先后顺序的整个计划，如表4-1所示。横道图也称甘特图，是美国人甘特在第一次世界大战以后提出的，它具有以下优缺点：

表4-1　横道计划

序号	工作	施工进度（天）																				
		1	2	3	4	5	6	7	8	9	10	11	12	13	14	15	16	17	18	19	20	21
1	挖土及垫层		1			2			3			4										
2	钢筋混凝土基础					1			2			3			4							
3	墙基础								1			2			3			4				
4	回填土											1			2			3			4	

1.优点

（1）绘图较简便，表达形象直观、明了，便于统计资源需求量。

（2）流水作业排列整齐有序，表达清楚。

（3）结合时间坐标，各项工作的起止时间、作业延续时间、工作进度、总工期都能一目了然。

2.缺点

（1）不能反映各项工作之间错综复杂、相互联系、相互制约的生产和协作关系。

（2）不能明确反映关键工作和关键线路，看不出可以灵活机动使用的时间，无法最合理的组织安排和指挥生产，不知道如何去缩短工期、降低成本及调整劳动力。

（3）不能应用计算机计算各种时间参数，更不能对计划进行科学的调整与优化。

（二）网络计划

网络计划是通过在网络图上加注工作的时间参数而形成的一种复合型进度计划，由网络图和网络参数两个部分组成。网络图是由带箭头的线条以及节点组成，可以表示工作流程的有向、有序的网状图形；网络参数是根据项目中各项工作的持续时间和关系所计算的关于工作、节点、线路等因素的各种时间参数。如图4-2所示。网络计划与横道计划相比具有以下优缺点：

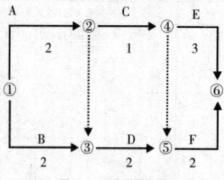

图4-2　双代号网络图

1. 优点

（1）能全面而明确地反映出各项工作之间相互依赖、相互制约的关系。如图4-2中，C工作必须在A工作之后进行，而与其他工作无关。

（2）网络图通过时间参数的计算，能确定各项工作的开始时间和结束时间，并遗找出对全局性有影响的关键工作和关键线路，便于在工作中集中力量抓主要矛盾，避免盲目施工。

（3）能利用计算得出的某些工作的机动时间，更好地利用和调配人力、物力，达到降低成本的目的。

（4）可以利用计算机对复杂的网络计划进行调整与优化，实现计划管理的科学化。

（5）在计划实施过程中能进行有效的控制和调整，保证以最小的消耗取得最大的经济效果。

2. 缺点

（1）流水作业不能清晰、直观地在网络计划上反映出来。

（2）绘制比较麻烦，表达不很直观。

（3）不易看懂，不易显示资源平衡情况等。

各项工作（活动）之间的逻辑关系，在网络图中的表示方式如表4-2所示。

表4-2　各项工作（活动）之间的逻辑关系在网络图中的表示方式

序号	各项工作（活动）之间的逻辑关系	双代号网络图的表达方式
1	A完成后，进行B和C	
2	A、B完成后，进行C和D	

【续　表】

序号	各项工作（活动）之间的逻辑关系	双代号网络图的表达方式
3	A、B 完成后，进行 C	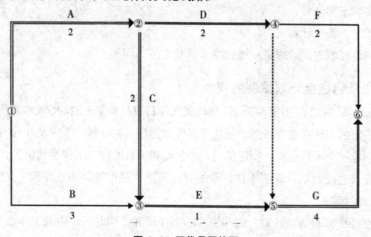
4	A 完成后，进行 C A、B 完成后，进行 D	
5	A、B 完成后，进行 D A、B、C 完成后，进行 E D、E 完成后，进行 F	
6	A、B 活动分成 3 个施工段 A1 完成后，进行 A2、B1 A2 完成后，进行 A3 A2 及 B1 完成后，进行 B2 A3 及 B2 完成后，进行 B3	
7	**A 完成后，进行 B** **B、C 完成后，进行 D**	

双代号网络图由箭线、节点、线路三个基本要素组成。任何一个网络图中至少存在一条最长的线路，如图 4-3 中的①③⑥。这条线路的总持续时间决定了此网络计划的工期，是完成进度计划的关键所在，因此称为关键线路。

图 4-3　双代号网络图

第二节   项目进度计划管理

项目进度计划管理包括：项目进度计划编制、项目进度计划实施、项目进度计划的检查与调整。

一、项目进度计划编制

（一）项目进度计划编制的依据

（1）工期要求。

（2）技术经济条件。

（3）设计图纸、文件、工程合同。

（4）资源供应状况。

（5）外部条件。

（6）项目各项工作的时间估计。

（二）项目进度计划编制的内容

（1）材料、设备供应计划。

（2）劳动力供应计划。

（3）施工设备供应计划。

（4）运输通道规划。

（5）工作空间分析。

（6）分包工程计划。

（7）临时工程计划。

（8）竣工、验收计划。

（9）可能影响进度的施工环境和技术问题等。

（三）项目进度计划编制的程序

（1）确定项目目的、需要和范围，具体说明项目成品期望的时间、成本和质量目标等。

（2）指定的工作活动、任务（或达到目标的工作）被分解、下定义并列出清单。

（3）创建一个项目组织，指定部门、分包商和项目经理对工作活动负责。

（4）准备进度计划，表明工作活动的时间安排、截止日期和里程碑（关键工作的开始时刻或完成时刻）。

（5）准备预算和资源计划，表明资源的消耗量和使用时间，以及工作活动和相关事宜的开支。

（6）准备关于完成项目的工期、成本和质量等各种预测。

（7）编制进度表和进度说明。

（8）编制资源需要量及供应平衡表。

（9）报有关部门批准。

二、项目进度计划实施

实施项目进度计划的核心是对项目进度计划的动态控制（以下简称：项目进度控制）。

（一）项目进度控制的目标

项目进度控制的目标是为了实现项目建设工期总目标。为达此目的，必须对项目进度计划实施行之有效的控制与管理，对影响进度的各种风险因素预先分析研究，提出保证项目进度计划实施的对策和措施，实现对进度的主动控制。

项目进度控制的目标不能笼统、不具备可操作性，应将项目总工期目标细化、分级、分解到各个专业工作内容和界面，确定分部分项进度控制目标；制订考核检查办法，包括每天（或每周）提供的工作面、资源（人、材、机）考核检查计划；实施过程中，对照各分目标检查落实，如有偏差则根据实际调整计划，及时纠偏。

（二）项目进度控制的重点

（1）事前控制重点：将总目标、阶段性目标细化成能易于操作的分目标，做好风险预测和防范。

（2）事中控制重点：检查考核落实分目标。

（3）事后控制重点：分析研究造成进度滞后的原因，及时调整计划，采取赶工措施。

（三）项目进度控制的程序

项目进度控制的程序，如图 4-4 所示列程序和步骤开展。

工程进度出现偏差

↓

分析产生进度偏差的原因

↓

分析该进度偏差对后续工作所产生的影响

↓

确实影响后续工作的现值条件

↓

采取进度调整措施

↓

形成调整后的进度计划

↓

采取相应的技术、经济和组织措施

↓

实施调整后的进度计划

图4-4　项目进度控制的程序

（四）项目进度控制的方法

（1）按施工阶段分解，突出控制节点。

以关键线路为主要线索、以进度计划里程碑为控制点，在不同施工阶段确定重点控制对象，制定细则，以确保控制节点的顺利完成。

（2）按施工单位分解，明确分部工程目标。

以总进度计划为依据，明确各个施工单位的分部工程目标，通过合同、责任书落实相关责任，以分别实现各自的分部工程目标来确保总目标的实现。

（3）按专业工种分解，确定交接时间。

在不同专业（工种）的任务之间，要进行综合平衡、强调相互间的衔接配合，确定相互交接的日期，强化工期的严肃性，保证不在本工序造成延误。通过对各道工序完成的质量与时间的控制，保证各分部工程进度的实现。

（4）按总进度计划的要求，分解落实进度计划。

将总进度计划分解为年、季、月、旬（周）目标，并采取定期（或不定期）的方式进行检查，确保工期目标的实现。

（五）项目进度控制的措施

由于工程项目建设具有庞大、复杂、周期长等特点，施工进度无论在主观上还是客观上都受到诸多因素的制约。实际进度往往不能按计划进度实现，实际进度与计划进度常常存在一定的偏差，有时候甚至会出现相当程度的滞后。应采取以下措施加强项目进度控制。

1. 合同措施

施工合同是建设单位与施工单位订立的、用来明确双方责任和权利关系的具有法律效力的协议文件，是运用市场经济方式组织项目实施的基本手段。建设单位根据施工合同要求施工单位在合同工期内完成工程建设任务，并以施工单位实际完成的工程量（符合设计图纸及质量要求）为依据、按施工合同约定的方式和比例支付工程款。因此，合同措施是进行项目进度控制的重要手段，是确保进度目标得以顺利实现的有效措施。

（1）合同工期的控制。合同工期主要受建设单位的要求工期、工程建设的定额工期以及投标价格等因素的影响。工程招投标时，建设单位通常不采用定额工期，而是根据自身的现实需要提出要求工期，并由此限定投标工期。施工单位为了实现中标这一首要任务，往往只能选择低价投标，忽视工程造价与工期之间的辩证关系。在工程实施过程中，由于报价低，在增加人员、机械设备时往往显得困难，制约了工程进度，不能按合同工期限完成。建设单位的要求工期和允许投标工期应科学合理，有利于减小建设单位进度目标控制中存在的风险。

（2）工程款支付的控制。工程进度控制与工程款的合同支付方式密不可分，工程进度款既是对施工单位履约程度的量化，又是推进项目运转的动力。工程进度控制要牢牢把握这一关键，并在合同约定支付方式中加以体现，通过工程进度款支付的准确明了，提高施工单位的主观能动性，使其主动优化施工组织和进度计划，确保进度目标的顺利实现。

（3）合同工期延期的控制。合同工期延期一般是由于建设单位、工程变更、不可抗力等原因造成的；而工期延误是因为施工单位组织不力（或管理不善）造成的，两者概念完全不同。合同约定中应明确合同工期顺延的申报条件和许可条件，即导致工期拖延的原因不是施工单位自身的原因引起的。施工场地条件的变更，建设合同文件的缺陷，由于建设单位（或设计单位）图纸变更原因造成的临时停工、工期耽搁，由建设单位供应的材料、设备的推迟到货，影响施工的不可抗力等原因造成的工期拖延是申请合同工期延期的首要条件。只有延期事件处于施工进度计划的关键线路上，才能获得合同工期延期的批准。此外，合同工期延期的批准还必须符合实际情况和时效性。

2. 经济措施

经济杠杆是项目进度控制的重要手段之一，项目进度控制的经济措施涉及资金需求计划、资金供应条件和经济激励措施等。

（1）强调工期违约责任。建设单位要想取得好的工程进度控制效果，实现工期目标，必须突出强调施工单位的工期违约责任，并形成具体措施，在进度控制过程中对施工单位起到震慑作用。因施工单位原因超过计划时间点未能完成形象进度的，施工单位应按合同约定向建设单位支付工期违约金，并在工程进度款支付中实际体现。施工单位在下一阶段（或合同工期内）赶上进度计划，可以退还违约金。

（2）引入奖罚结合的激励机制。长期以来，对施工单位合同工期的约束大多采取"罚"的方式，但效果并不明显。建设单位的初衷是如期完工而不在于"罚"，罚的办法是比较被动的，而采取奖罚结合的办法可以引导施工单位变被动为主动。施工单位提前完工奖励的幅度可以约定为一个具体数值或是与违约金支付的比例相当。奖励比惩罚的作用更大，争创品牌的施工单位自然会积极配合建设单位的进度控制要求，也有利于促成双方诚信合作的良性循环。

3. 组织措施

为有效控制项目的进度，必须协调好参建各方的工作关系，通过明确各方的职责、权利和考核标准，充分调动和发挥各方的积极性、创造性及潜在能力。

（1）组织是目标能否实现的决定性因素，应充分重视健全项目管理的组织体系。

（2）在项目组织结构中应由专门的工作部门和符合进度控制岗位资格的专人负责进度控制工作。

（3）进度控制的主要工作环节包括：进度目标的分析和论证、编制进度计划、定期跟踪进度计划的执行情况、采取纠偏措施及调整进度计划。这些工作任务和相应的管理职能应在项目管理组织设计的任务分工表和管理职能分工表中标示并落实。

（4）编制项目进度控制的工作流程，定义进度计划系统（由多个相互关联的施工进度计划组成的系统）的组成以及各类进度计划的编制程序、审批程序和计划调整程序等。

（5）进度控制工作包含了大量的组织和协调工作，而会议是组织和协调的重要手段，应进行有关进度控制会议的组织设计，明确会议类型、参加单位及人员、召开时间、会议文件的整理、分发和确认等。

（6）突出工作重心，强调责任。对于参建单位来说，项目的三大控制目标都是同等重要的，但是如果各方对三大控制目标都使用均等的力度，就有可能出现顾此失彼的问题。在实践中，比较理想的是施工单位、监理单位和建设单位分别以进度、质量和投资控制作为工作重点，既有分工、又与合作，强调三方的主要责任并有机结合。就进度控制来说，施工单位的主要职责是根据合同工期编制和执行项目进度计划，并在监理单位监督下确保工程质量，如造成工期拖延，建设单位和监理单位有权要求施工单位增加人力、物力的投入，并承担相应的损失和责任。

4. 管理措施

施工单位组建的项目经理部是项目进度实施的主体，建设单位进度控制的现场协调离不开项目经理部人员的积极配合，项目部经理组成人员的素质尤为重要。项目部经理的人员配备应当与招投标文件相符，建设单位要主动加强与项目部经理人员的相互沟通，了解其技术管理水平和能力，正确引导其自觉地为实现进度目标控制而努力。项目部经理的人员有消极应付、不积极配合工作的情况，建设单位现场管理人员有权对项目部经理组成人员提出调整意见。

项目进度控制的管理措施涉及管理的思想方法和手段以及承发包模式、合同管理和风险管理等。在理顺组织的前提下，科学和严谨的管理十分重要。用网络计划的方法编制进度计划有利于实现进度控制的科学化；承发包模式的选择直接关系到项目实施的组织和协调；工程物资的采购模式对进度也有直接的影响；应注意分析影响项目进度的风险，重视信息技术在进度控制中的应用；项目进度控制要有进度计划系统的观念，不能分别编制各种独立而互不关联的计划，这样就形成不了计划系统。

5. 技术措施

（1）项目进度控制的技术措施涉及对实现进度目标有利的设计技术和施工技术的选用。

（2）不同的设计理念、设计技术路线、设计方案对工程进度会产生不同的影响。工程进度受阻时,应分析是否存在设计技术的影响因素,有无设计变更的必要、是否可能变更。

（3）施工方案对工程进度有直接的影响,不仅应分析技术的先进性和经济合理性,还应考虑其对进度的影响。工程进度受阻时,应分析是否存在施工技术的影响因素,有无改变施工技术、施工方法和施工机械的可能性。

总之,上述措施主要是以提高预控能力、加强主动控制的办法来达到加快施工进度的目的。在项目实施过程中,要将被动控制与主动控制紧密地结合起来。只有认真分析各种因素对工程进度目标的影响程度,及时将实际进度与计划进度进行对比,制定纠正偏差的方案,并采取赶工措施,才能使实际进度与计划进度保持一致。

三、项目进度计划的检查与调整

项目进度计划的检查与调整,是指在项目建设中执行经审核的施工进度计划,利用相应手段定期检查实际进度状况,并及时做出调整。

（一）项目进度计划检查内容

（1）实物工程量完成情况。

（2）工期进展情况。

（3）资源供应、使用与进度匹配情况。

（4）项目进度计划措施落实情况和上次整改落实情况。

以上内容可以独立成章编制进度报告,也可以与质量、安全、成本等合并编制项目综合进展报告。

（二）项目进度计划检查方法

（1）定期检查,包括规定的年、季、旬、周和日检查。

（2）不定期检查,主要指根据需要由上级管理部门和项目经理部组织的其他检查。

（三）项目进度计划的调整

根据项目进度计划实施情况,与原进度计划进行比较,找出进度偏差。通过对偏差产生的原因及影响程度的分析,施工单位应及时采取措施调整进度计划并执行调整后的进度计划,在执行中不断循环,直至实现既定的工期目标。项目进度计划的调整主要包括下列内容:

（1）项目工期目标的调整。

（2）项目实物工程量的调整。

（3）项目工作关系和工序的调整。

（4）项目工作起始时间的调整。

（5）项目资金、材料、机械等资源供应和分配的调整。

第三节　建筑工程进度控制的措施

一、项目进度控制的组织措施

正如前文所述，组织是目标能否实现的决定性因素，为实现项目的进度目标，应充分重视健全项目管理的组织体系。在项目组织结构中应有专门的工作部门和符合进度控制岗位资格的专人负责进度控制工作。

进度控制的主要工作环节包括进度目标的分析和论证、编制进度计划、定期跟踪进度计划的执行情况、采取纠偏措施以及调整进度计划。这些工作任务和相应的管理职能应在项目管理组织设计的任务分工表和管理职能分工表中标示并落实。

应编制项目进度控制的工作流程，如：

（1）定义项目进度计划系统的组成。

（2）各类进度计划的编制程序、审批程序和计划调整程序等。

进度控制工作包含大量的组织和协调工作，而会议是组织和协调的重要手段，应进行有关进度控制会议的组织设计，以明确：

（1）会议的类型。

（2）各类会议的主持人及参加单位和人员。

（3）各类会议的召开时间。

（4）各类会议文件的整理、分发和确认等。

二、项目进度控制的管理措施

建筑工程进度控制的管理措施涉及管理的思想、管理的方法、管理的手段、承发包模式、合同管理和风险管理等。在理顺组织的前提下，科学和严谨的管理显得十分重要。建筑工程进度控制在管理观念方面存在的主要问题是：

1. 缺乏进度计划系统的观念

分别编制各种独立而互不联系的计划，形成不了计划系统。

2. 缺乏动态控制的观念

只重视计划的编制，而不重视及时地进行计划的动态调整。

3. 缺乏进度计划多方案比较和选优的观念

合理的进度计划应体现资源的合理使用、工作面的合理安排、有利于提高建设质量、有利于文明施工和有利于合理地缩短建设周期。

　　用工程网络计划的方法编制进度计划必须很严谨地分析和考虑工作之间的逻辑关系，通过工程网络的计算可发现关键工作和关键路线，也可知道非关键工作可使用的时差，工程网络计划的方法有利于实现进度控制的科学化。

　　承发包模式的选择直接关系到工程实施的组织和协调。为了实现进度目标，应选择合理的合同结构，以避免过多的合同交界面而影响工程的进展。工程物资的采购模式对进度也有直接的影响，对此应作比较分析。

　　为实现进度目标，不但应进行进度控制，还应注意分析影响工程进度的风险，并在分析的基础上采取风险管理措施，以减少进度失控的风险量。常见的影响工程进度的风险，如：①组织风险；②管理风险；③合同风险；④资源（人力、物力和财力）风险；⑤技术风险等。

　　重视信息技术（包括相应的软件、局域网、互联网以及数据处理设备）在进度控制中的应用。虽然信息技术对进度控制而言只是一种管理手段，但它的应用有利于提高进度信息处理的效率、有利于提高进度信息的透明度、有利于促进进度信息的交流和项目各参与方的协同工作。

三、项目进度控制的经济措施

　　建筑工程进度控制的经济措施涉及资金需求计划、资金供应的条件和经济激励措施等。为确保进度目标的实现，应编制与进度计划相适应的资源需求计划（资源进度计划），包括资金需求计划和其他资源（人力和物力资源）需求计划，以反映工程实施的各时段所需要的资源。通过资源需求的分析，可发现所编制的进度计划实现的可能性，若资源条件不具备，则应调整进度计划。资金需求计划也是工程融资的重要依据。资金供应条件包括可能的资金总供应量、资金来源（自有资金和外来资金）以及资金供应的时间。在工程预算中应考虑加快工程进度所需要的资金，其中包括为实现进度目标将要采取的经济激励措施所需要的费用。

四、项目进度控制的技术措施

　　建筑工程进度控制的技术措施涉及对实现进度目标有利的设计技术和施工技术的选用。不同的设计理念、设计技术路线、设计方案会对工程进度产生不同的影响，在设计工作的前期，特别是在设计方案评审和选用时，应对设计技术与工程进度的关系作分析比较。

　　在工程进度受阻时，应分析是否存在设计技术的影响因素，为实现进度目标有无设计变更的可能性。

　　施工方案对工程进度有直接的影响，在决策其是否选用时，不仅应分析技术的先进性和经济合理性，还应考虑其对进度的影响。在工程进度受阻时，应分析是否存在施工技术的影响因素，为实现进度目标有无改变施工技术、施工方法和施工机械的可能性。

第四节　进度管理模式创新对建筑施工的影响

一、建筑工程施工中进度管理的影响要素

（一）建筑材料的选取

在建筑施工过程中，建筑材料是具有关键作用的，这也是影响施工进度的重要因素。也就是说，如果我们选取了合适的建筑材料，不仅能够提升建筑施工的建设进度，还能够在一定程度上节约建设成本，这对施工企业是具有积极意义。但是，现阶段，在建设材料的选取方面，施工企业并没有对其进行高度重视，从而导致了建筑材料的无序化管理，比如乱堆乱放等。同时，部分管理人员在对建筑材料进行采购时，为了尽可能地节约建设成本，就选取了质量较差的建筑材料。这会对建筑工程的质量产生负面影响，影响建筑工程的施工进度，更重要的是会严重降低建筑工程整体质量水平，带来诸多的安全隐患。

（二）施工现场的监督

在实际的建筑施工管理中，管理人员会对工程的建设质量和建设效果进行重点监督，从而忽略了工程进度的管理。另外，部分建筑企业缺少完善的建筑施工进度管理机制，这也就导致施工人员和管理人员缺少开展工作的依据，导致很多管理标准无法得到落实。总之，在建筑工程的现场监督阶段，如果缺少管理制度，建筑施工的整体进度便会受到很大程度的制约，从而不利于建筑工程的良性发展，最终出现延误工期等不良后果。

二、建筑工程施工中进度管理模式创新的影响

（1）有利于提升建筑工程的经济效益。实现对建筑工程进度管理的创新，这就意味着在施工方面有所提升，各种施工资源得到集约化使用，比如人力资源、经济成本、技术要素等。在这一基础下，这就能够推动建筑工程经济成本的有效性，便于建筑企业的发展。尤其是对于建筑企业来讲，经济效益是其最基本的追求，所以，在实际施工期间成本则是其关注的焦点，这也成为影响其效益的关键。如果不能对进度管理模式进行创新，这会使施工进程的延缓，必然会导致建筑工程经济效益的亏损，对建筑企业的盈利能力产生最为直接的影响。基于此，我们要逐步实现对工程进度管理模式的改进，这不仅能够减少建设成本，还能够对现场建筑材料的价格、材质等进行全面掌控，切实提高工程建设的整体质量。因此，建筑单位如果想在规定的时间内，既能够保证建筑工程质量的全面提高，又可以提升施工单位的整体经济效益，就一定要加大对进度管理的重视程度，从根源出发，杜绝进度拖沓情况的出现。

（2）有利于强化建筑工程整体质量。给予施工中进度模式管理更多的创新性和活力，能够提高建筑工程整体的质量，以推进建筑企业长久可持续的发展。建筑工程整体的质量是建筑工程管理的核心要点，所以我们必须对施工进度中的管理模式进行有效性、有针对性的改进，强化施工材料设备管理力度、提升施工人员工作素质，最终能够保障施工进度与质量，以获得更好的发展。

（3）有利于保障建筑工程施工现场的安全。近年来，建筑施工问题不断涌现，民众关注度和话题度不断上升，不仅影响了整体的建筑工程进度，也使得施工安全问题成为社会热点问题，所以施工期间我们应该针对施工材料以及设备进行检查，确保施工安全和质量，以促进建筑行业的持续发展，保障建筑工程施工现场的安全。

三、建筑工程施工中进度管理模式的创新策略

（1）引进和开发先进的施工进度管理技术。众所周知，在建筑工程的施工过程中，我们需要遵循灵活变通的基本原则，结合具体工程的实际，从而制定施工方案。由于工程之间的差异化，这必然会使施工方案方面也存在差异性。所以，我们要积极引进和开发先进的进度管理技术，依据建筑工程图纸来进行开发。在这一过程中，我们可以借鉴和参考与工程相似的建设项目，并且运用人工智能和大数据技术，这样就可以完成对工程信息的科学推算，最终全面实现对建筑项目工程进度的控制。另外，我们还可以借助相对应的计算机软件，对施工全过程进行模拟化，及时发现其中存在的问题，事先拟定应急方案，有针对性的采取有效的发展策略。最后，我们的管理人员还需要对各种进度管理材料进行整理、分析，明确影响其效果的内部、外部因素，从而进一步制定科学的管理方案。

（2）严格落实施工各阶段分工制度。制定合理有效的分工制度，严格落实施工各阶段的分工制度，将施工责任落实到个人。建筑企业也可以实行合理有效的奖惩制度，将施工责任与个人薪资挂钩，提高施工人员的积极性，增强施工人员的安全意识，有效的保证施工内容和进度的有效完成，从而进一步提高施工企业的经济效益和社会效益。

（3）加强组织管理。上文中提到，我们应该给予施工中进度模式管理以更多的创新性，所以我们必须要加强组织管理。建筑工程往往时间紧、任务复杂，所以我们更应该加强组织管理，使得进度管理符合要求，按照计划来进行操作。时刻加强进度计划目标追踪，合理分配施工环节目标，并配合分工制度，进一步明确自身职责，加强部门之间的联系和配合。

第五章　现代建筑工程项目成本管理创新

第一节　成本管理概述

一、成本

（一）成本的概念

成本是生产和销售一种产品所需的全部费用，是某项具体投资项目的总花费。

中国成本协会（CCA）发布的CCA2101：2005《成本管理体系术语》对成本的定义是：为过程增值和结果有效已付出（或应付出）的资源代价。

美国会计学会（AAA）所属的"成本与标准委员会"对成本的定义是：为了达到特定目的而发生（或未发生）的价值牺牲，它可用货币单位加以衡量。

成本是商品经济的价值范畴，是商品价值的组成部分。人们要进行生产经营活动（或达到一定的目的），就必须耗费一定的资源（人力、物力和财力），其所费资源的货币表现就是成本。随着商品经济的不断发展，成本概念的内涵和外延都处于不断地变化发展之中。

（二）成本的分类

根据成本核算和成本管理的不同要求，成本可以分为以下不同类型：

（1）按概念形成可分为：理论成本和应用成本。

（2）按应用情况可分为：财务成本和管理成本。

（3）按产生依据可分为：实际成本和估计成本。

（4）按发生情况可分为：原始成本和重置成本。

（5）按形成时间可分为：历史成本和未来成本。

（6）按计量单位可分为：单位成本和总成本。

（7）按生产经营范围可分为：生产成本和销售成本。

（8）按与计划的关系可分为：计划成本和预计成本。

（9）按发生可否加以控制可分为：可控成本与不可控成本。

（10）按性态可分为：变动成本和固定成本。

（11）按与产品生产的关系可分为：直接成本和间接成本。

为了便于进行成本管理，成本还可以分为：机会成本、责任成本、定额成本、目标成本、标准成本等。

（三）成本的构成内容

国家规定成本的构成内容主要包括：

（1）原料、材料、燃料等费用，表现商品生产中已耗费的劳动对象的价值；

（2）折旧费用，表现商品生产中已耗费的劳动对象的价值；

（3）工资，表现生产者的必要劳动所创造的价值。

（四）项目成本费用的组成

项目的全部成本费用可分为：人工费、材料费、机械费、其他直接费、间接费和分包工程费，各类费用组成情况如表5-1所示：

表5-1 项目成本费用组成

成本费用		各类费用组成
项目成本费用	人工费	工程直接支出的劳务人工费
	材料费	各类工程材料费（包括实体工程材料费和周转材料费）
	机械费	租赁费、进出场费、燃料动力费、修理费、机械操作人员工资、其他费用
	其他直接费	实验检验费、工具机具摊销费、临时设施摊销费、材料二次搬运费、场地清理费、工程保险费、施工水电费、安全生产费、其他费用
	间接费	职工薪酬、办公费、差旅交通费、车辆使用费、业务招待费、劳务保护费、劳务保险费、财产保险费、物业费、工程保修费、诉讼费、招投标费、上交管理费、税费等
	分包工程费	各类专业分包工程的支出

三、成本管理

（一）成本管理的概念

成本管理是指：企业生产经营过程中各项成本核算、成本分析、成本决策和成本控制等一系列科学管理行为的总称。

成本管理一般包括成本预测、成本决策、成本计划、成本核算、成本控制、成本分析、成本考核等职能。

（二）成本管理的目的

充分动员和组织企业全体人员，在保证产品质量的前提下，对企业生产经营过程中的各个环节进行科学合理的管理，力求以最少的生产耗费取得最大的生产成果。

（三）成本管理的作用

成本管理是企业管理的一个重要组成部分，它要求系统、全面、科学和合理，对于促进增产节支、加强经济核算、改进企业管理、提高企业整体管理水平具有重大意义。

（四）成本管理的过程

（1）开展成本预测，规划一定时期内的成本水平和成本目标，对比分析实现成本目标的各项方案，进行最有效的成本决策。

（2）根据成本决策的具体内容，编制成本计划，并以此作为成本控制的依据，加强日常的成本审核监督，随时发现并克服生产过程中的损失、浪费等情况。

（3）组织成本核算工作，建立健全成本核算制度，严格执行成本开支范围，采用适当的成本核算方法，正确计算产品成本。

（4）组织成本的考核工作，正确评价各部门的成本管理业绩，促进企业不断改善成本管理措施。

（5）定期开展成本分析，找出成本升降变动的原因，挖掘降低生产耗费和节约成本开支的潜力。

成本是体现企业生产经营管理水平高低的一个综合指标，参与成本管理的人员不能仅仅是专职成本管理人员，应包括各部门的生产和经营管理人员，要充分发挥全体员工的积极性，实行全面成本管理，最大限度地挖掘降低成本的潜力，提高企业整体成本管理水平。

（五）成本管理的目标

成本管理的目标就是根据企业预算和经营目标，在成本预测、成本决策、测定目标成本的基础上，进行目标成本的分解、控制、分析、考核、评价等一系列成本管理工作。它以管理为核心、核算为手段、效益为目的，对成本进行事前测定、日常控制和事后考核，从而形成一个全企业、全员、全过程的多层次、多方位的成本体系，以达到少投入多产出、获得最佳经济效益的目的。

三、项目成本管理

（一）项目成本管理的概念

《建设工程项目管理规范》（GB/T50326—2006）对项目成本管理的定义是：为实现项目成本目标所进行的预测、计划、控制、核算、分析和考核等活动。

建设工程项目成本管理（以下简称：项目成本管理）是在满足工程质量、工期、安全、环保等合同要求前提下，通过计划、组织、控制、协调等管理活动，减少各类成本资源消耗和费用支出，实现预定的工程项目成本目标。主要通过技术、经济、管理等系统化手段来实施和控制。

施工企业要结合建筑行业的特点，以施工过程中直接耗费的建筑材料、机械设备和劳动力为对象，以货币为主要计量单位，对项目从开工到竣工所发生的各项收支，通过制定和实施项目成本管理的目标、原则、组织、机构、制度、职责和流程，优化资源配置，进行全面系统的管理，实现项目成本最优化。

项目经理部（以下简称：项目部）负责项目成本的管理，实施成本控制，实现项目管理目标责任书中的成本目标。项目部的成本管理应包括：成本计划、成本控制、成本核算、成本分析和成本考核。

（二）项目成本管理的特点

（1）项目成本管理是一种事先能动的管理。

（2）项目成本管理是一个动态控制的过程。

（3）项目成本管理影响项目质量与项目进度。

（三）项目成本管理的原则

（1）开源与节流相结合原则

项目成本管理应做到节流与开源并重。通过节约可以有效控制项目成本的支出，达到提高经济效益的目的。搞好变更签证和索赔工作，开展价值工程，采取科学经济的技术手段使项目增值，可以有效地增加收入，提高经济效益。

（2）全面成本控制原则

项目成本控制是一个系统工程，必须增强全员成本意识，实现全员参与；严格实行成本管理责任制度，使项目成本与每一个岗位、每一个人密切联系，使员工自觉地增产节约、挖潜降耗；要以项目成本形成的过程为控制对象，随着施工准备、施工、竣工等各个阶段的进展而连续进行，使项目成本自始至终都处于有效的控制之中。

（3）动态控制原则

施工项目具有一次性的特点，影响施工项目成本的因素众多，内部管理中的材料超耗、工期延误、施工方案不合理、施工组织不合理等都会影响项目成本；系统外部的通货膨胀、交通条件、设计文件变更等也会影响项目成本，必须针对成本形成的全过程实施动态控制。

（4）目标管理原则

项目部要对项目责任成本指标和成本降低率目标进行分解，根据岗位不同、管理内容不同，确定每个岗位的成本目标和所承担的责任；把总目标进行层层分解，落实到每一个人，通过每个指标的完成来保证总目标的实现。

（5）责、权、利相结合原则

为了完成成本目标，必须建立一套相应的管理制度，并授予相应的权力；相应的管理层次所对应的管理内容和管理权力必须相称，否则就会发生责、权、利的不协调，从而导致管理目标和管理结果的扭曲。

（四）项目成本管理的过程

1. "事前"控制

成本的"事前"控制是指：工程开工前，对影响工程成本的经济活动所进行的事前规划、审核与监督，主要包括：成本预测、成本决策、成本计划、规定消耗定额，建立健全原始记录、计量手段和经济责任制，实行分级归口管理等内容。要根据施工特点、施工组织要素以及人力、材料、设备、物力消耗和各类费用开支进行综合分析，预先对影响项目成本的因素进行规划，对未来的成本水平进行推测，并对未来的成本控制行动做出选择和安排。

2. "事中"控制

成本的"事中"控制是指：在项目实施过程中，按照制订的目标成本和成本计划，运用一定的方法，采取各种措施，尽可能地提高劳动生产率、降低各种消耗，使实际发生成本低于预定目标并尽可能的低。以项目目标成本预算控制各项实际成本的支出，以限额领料等手段控制材料消耗等，确保总成本目标的完成。主要包括：对各项工作按预定计划实施成本控制，对实际发生成本进行监测、收集、反馈、分析、诊断，并调整下一环节成本控制措施。

3. "事后"控制

成本的"事后"控制是指：在项目成本发生之后对项目成本进行的核算、分析和考核。将工程实际成本与计划成本进行比较，计算成本差异，确定成本节约（或浪费）数额，针对存在的问题采取有效措施，改进成本控制工作，主要包括：成本核算、成本分析。其不改变已经形成的项目成本，但对成本的事前、事中控制起到促进作用，对企业总结成本管理的经验教训、建立企业定额、指导以后同类项目的成本控制，具有积极、深远的意义。

（五）项目成本管理的主要程序

1. 成本预测

掌握生产要素的市场价格和变动情况，编制增产节约计划、制定降本措施，为挖掘降低成本的潜力指明方向、为各责任单位降低成本指明途径。

2. 成本计划

通过编制成本计划，确定成本实施目标，使成本计划成为成本控制、成本核算的基础和降低项目成本的指导性文件。

3. 成本控制

以成本计划为依据，进行成本动态控制，实现成本目标。

4. 成本核算

对项目在一定时期内发生的工程费用进行归集、分配，以便工程款的结算和及时回收。

5. 成本分析

通过有关工程资料的分析，揭示项目成本形成的过程和影响成本的因素，寻求成本降低的方法和实现措施，保证项目经济效益最大化。

6. 成本考核

定期通过项目成本指标的对比分析，对目标成本的实现情况和成本计划的完成结果进行全面的审核、评价。

7. 积累项目成本资料

企业应组织有关人员对近年完成的工程按不同类别进行总结，建立工程成本分解、分析数据库，供全体员工参考。

第二节　项目成本管理的主要环节

项目成本管理中的每一个环节都是相互联系和相互作用的。成本预测是成本决策的前提；成本计划是成本决策所确定目标的具体化；成本控制是对成本计划的实施进行监督，保证决策的成本目标实现；成本核算是成本计划是否实现的最后检验，对下一个项目成本预测和决策提供基础资料；成本考核是实现成本目标责任制的保证，是实现成本决策目标的重要手段。

一、项目成本计划

（一）项目成本计划的概念

项目成本计划是项目部在成本预测的基础上，以货币形式确定的项目计划期内施工生产所需支出和降低成本的具体行动计划，按成本管理层次、成本项目以及项目的进展情况，逐阶段对成本计划加以分解，并确定各级成本管理实施方案。

（二）项目成本计划的特征

1. 管理理念体现主动性和积极性

项目成本计划不仅仅局限于事先的成本预算和投资计划，或作为投标报价的依据，也不仅仅是被动地按照已确定的技术设计、工期、实施方案来预算工程的成本，更应该包括技术和经济分析，从总体上考虑项目工期、成本、质量和实施方案之间的相互影响和平衡，以寻求最优的解决途径。

2. 管理过程贯穿项目全寿命周期性

施工项目的功能要求高、质量标准高，不仅在计划阶段要进行周密的成本计划，而且要在实施过程中将成本计划和成本控制合为一体，要根据新情况（如：工程设计的变更、施工环境的变化等）随时调整和修改计划，预测项目成本状况以及项目的经济效益，形成一个动态控制的过程。

3. 管理目标追求项目整体经济效益最大化

成本计划的目标不仅仅是项目成本的最小化，同时必须与项目盈利的最大化相统一。要从整个项目的角度考虑盈利的最大化，如通过加班加点适当压缩工期、提前竣工，若获得的工期奖励高于工期成本的增加额，这时成本的最小化与盈利的最大化并不一致，但从项目的整体经济效益出发，提前完工是值得的。

（三）项目成本计划编制的原则

1. 合法性原则

项目成本计划必须严格遵守国家有关法律法规及财务制度的规定，严格遵守成本开支范围和各项费用开支标准，不得违反财务制度的规定，随意扩大（或缩小）成本开支的范围。

2. 从实际情况出发的原则

项目成本计划必须从企业的实际情况出发，充分挖掘内部潜力，使降低成本指标既积极可靠又切实可行。成本计划应与实际成本、前期成本保持可比性。

3. 与其他计划相结合的原则

项目成本计划必须与施工方案、进度计划、财务计划、材料供应及耗费计划等各项计划密切结合，保持平衡。

4. 先进可行性原则

项目成本计划必须以各种先进的技术经济定额为依据，针对项目的具体特点，采取切实可行的技术组织措施，使成本计划既保持先进性又现实可行，防止计划指标过高（或过低）而使之失去应有的作用。

5. 统一领导、分级管理原则

项目成本计划的制定和执行应在项目经理的领导下，以财务管理、计划管理部门为中心，实行统一领导、分级管理，充分发挥员工的主观能动性，寻求降低成本的最佳途径。

6. 弹性原则

项目成本计划应充分考虑项目内外部技术经济状况和条件，尤其是材料的市场价格变化情况，使计划具有一定的弹性、保持一定的应变能力。

（四）项目成本计划的编制依据

（1）投标报价文件。

（2）企业定额、施工预算。

（3）施工组织设计或施工方案。

（4）人丁、材料、机械台班的市场价。

（5）企业内部人工、材料、机械台班的指导价。

（6）已签订的工程合同、分包合同（或估价书）。

（7）有关财务成本核算制度和财务历史资料。

（8）项目施工成本预算资料。

（9）拟采取的降低施工成本的措施。

（10）其他相关资料。

（五）项目成本计划的编制程序

项目成本计划的编制一般如图 5-1 所示的程序：

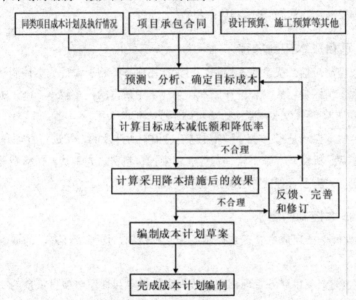

图 5-1　项目成本计划的编制程序

二、项目成本控制

（一）项目成本控制的概念

项目成本控制是采用一定的方法，对项目所耗费的各种费用的使用情况进行管理的过程，其主要任务是：寻找项目成本执行与计划的偏差；确保所有变更准确记录，防止不正确（或未核准）的变更纳入费用基准计划中；将核准的变更通知到相关责任人等，使项目发生的实际成本控制在成本计划内，并尽可能使各种耗费达到最小。

（二）项目成本控制的依据

（1）合同文件。

（2）成本计划。

（3）进度报告。

（4）工程变更与索赔资料等。

（三）项目成本控制程序

（1）收集实际成本数据。

（2）实际成本数据与成本计划目标进行比较。

（3）分析成本偏差及原因。

（4）采取措施纠正偏差。

（5）必要时修改成本计划。

（6）按照规定的时间间隔编制成本报告。

（四）项目成本控制内容

项目成本控制包括：决策成本控制、招标费用成本控制、设计成本控制和施工成本控制。决策成本、招标费用成本、设计成本在总成本中所占的比重较小，施工成本通常占总成本的 90% 以上，项目成本控制应以项目施工成本控制为主。

项目施工成本控制是指：对整个项目施工过程中所涉及的费用进行管理和控制，包括：材料费、人丁费、机械费、施工管理费等。其中：材料费、人工费、机械费称为直接成本（或直接费用），施工管理费称为间接成本（或间接费用）。

（五）成本控制的要求

（1）建立健全项目成本管理责任制度和激励机制，增强管理人员的成本意识和控制能力。

（2）建立健全项目财务管理制度，按规定的权限和程序对项目资金的使用和费用的结算支付进行审核、审批。

（3）通过任务单管理、限额领料、验工报告审核等，控制生产要素的利用效率和消耗定额。

（4）按照计划成本目标值控制生产要素的采购价格，认真做好材料、设备进场数量（质量）的检查、验收和保管。

（5）控制工程变更等所引起的成本增加（减少）。

（6）做好不可预见成本风险的分析和预控，编制相应的应急措施。

三、项目成本分析

（一）项目成本分析的概念

成本分析是对一定时期内企业成本计划完成情况的全面评估，旨在揭示和测定影响成本变动的主要原因及其影响程度，总结成本管理工作的经验和教训，寻求成本降低途径，促使企业不断降低成本。

项目成本分析，就是以会计核算提供的成本信息为依据、按照一定的程序、运用专门科学的方法，对项目成本计划（预算）的执行过程、结果和原因进行研究，据以评价项目成本管理工作，寻求进一步降低成本的途径（包括：项目成本中的有利偏差的挖掘和不利偏差的纠正）。

通过成本分析，从账簿、报表反映的成本现象揭示成本的实质，从而增强项目成本的透明度和可控性，为加强成本控制、实现项目成本目标创造条件。

（二）项目成本分析的原则

（1）定量分析和定性分析相结合

项目成本分析要以充分的事实为依据，包括定性和定量两个方面。定性分析的目的在于揭示影响项目成本各因素的性质、内在联系及其变动趋势；定量分析的目的在于确定项目成本指标变动幅度及其各因素的影响程度。

（2）成本分析与技术经济指标相结合

项目各项技术经济指标的完成情况，都直接（或间接）影响到项目成本的高低。要结合技术经济指标的变动，对项目成本进行深入分析，从根本上查明影响成本波动的具体原因，寻求降低成本的途径。

（3）成本分析与成本责任制相结合

项目部要建立健全成本责任制，把成本分析工作与各部门（岗位）工作质量的考核、评比和奖惩结合起来，确保成本分析工作深入持久地开展。

（三）项目成本分析的内容

1. 按项目施工进展进行的成本分析

（1）分部分项工程成本分析。

（2）月（季）度成本分析。

（3）年度成本分析。

（4）竣工成本分析等。

2. 按成本项目进行的成本分析

（1）人工费分析。

（2）材料费分析。

（3）机械使用费分析。

（4）其他直接费分析。

（5）间接费分析等。

3. 针对特定问题（与成本有关事项）进行的成本分析

（1）施工索赔分析。

（2）盈利异常分析。

（3）工期成本分析。

（4）资金成本分析。

（5）技术组织措施节约效果分析。

（6）其他有利因素（不利因素）对成本影响的分析等。

（四）项目成本分析的依据。

（1）会计核算

会计核算具有连续性、系统性、综合性、可比性等特点，是项目成本分析的重要依据。

（2）业务核算

业务核算是各业务部门根据业务工作的需要而建立的核算制度，包括：原始记录和计算登记表。

（3）统计核算

统计核算是利用会计核算和业务核算资料，对项目生产经营活动中的大量数据进行搜集、整理和分析，形成各种有用的统计资料，进行系统管理。

（五）项目成本分析的方法。

对已发生的项目成本进行分析，查找成本节约（或超支）的原因，达到改进管理工作、提高经济效益的目的。项目成本分析的方法有：综合分析和具体分析。

（1）项目成本的综合分析

项目成本的综合分析是对项目年度实际成本与计划（预算）成本的对比分析，通过分析发现项目成本降低（或超支）的主要原因，以便采取相应的对策，将项目成本控制在目标范围之内。

（2）项目成本的具体分析

项目成本的具体分析可分为：人工费分析、材料费分析、机械使用费分析、其他直接费分析、间接费分析等。

四、项目成本考核

（一）项目成本考核的概念

项目成本考核包括：项目成本目标完成情况的考核和成本管理工作业绩的考核，通过责、权、利相结合原则的贯彻落实，促进成本管理工作的健康开展，更好地完成项目成本目标。

项目成本考核分为两个层次：一是企业对项目经理的考核；二是项目经理对所属部门、施工队和班组的考核。通过层层考核，督促项目经理、责任部门和责任人更好地落实各自的责任成本。

（二）项目成本考核的内容

1. 企业对项目经理考核的内容

（1）项目成本目标和阶段成本目标的完成情况。

（2）以项目经理为核心的成本管理责任制的落实情况。

（3）成本计划的编制和落实情况。

（4）对各部门、施工队和班组责任成本的检查和考核情况。

（5）责、权、利相结合原则的执行情况。

2. 项目经理对所属各部门考核的内容

（1）各部门（岗位）责任成本的完成情况。

（2）各部门（岗位）成本管理责任的执行情况。

3. 项目经理对各施工队考核的内容

（1）对劳务合同规定的承包范围和承包内容的执行情况。

（2）劳务合同以外的其他情况。

（3）施工任务单的管理情况、完成施工任务后的考核情况。

4. 项目经理对生产班组考核的内容

以施工任务单和限额领料单为依据，与施工预算进行对比，考核班组责任成本的完成情况。

（三）项目成本考核的原则

（1）项目成本考核要与相关指标的完成情况相结合

项目成本考核要与工期、质量、安全和现场标准化管理等相关指标的完成情况相结合，有奖有罚、奖罚分明。

（2）重视项目成本的中间考核

月度成本考核：月度成本报表编制后，根据月度成本报表的相关内容进行考核；阶段成本考核：按基础、结构、装饰、总体等4个阶段的形象进度完成情况进行考核。

（3）正确考核项目竣工成本

在工程竣工和工程款结算的基础上编制项目竣工成本，作为项目竣工成本考核的依据。

（4）奖罚分明

项目成本考核是对成本指标完成情况的总结和评价，以工程成本降低额和施工成本降低率作为成本考核的主要指标。项目成本降低水平与成本管理工作之间存在必然的联系，是对相关责任部门、责任人进行奖罚的依据。

第三节 建筑工程成本管理中的创新模式

在建筑企业中，建设工程项目是主要的盈利来源，工程项目是否可以带来良好的收益，和建筑工程稳定经营有着直接的联系性。施工质量控制工作是施工单位的重点环节，其具有极高的作用。其中，项目施工质量控制和项目成本控制工作之间有着相同性，两者的目的都是一样的。而且，工程项目是否盈利还和项目成本管理工作有着密切的联系。因此，要想提升建筑企业的经济效益，除了严格控制工程质量之外，还要加大对成本的管理力度，摒弃以往传统单一的成本管理方式，全方面创新和改进项目成本管理模式。

一、制度的创新

通过研究得出，我国大多数建筑企业都是将项目成本管理权力交由生产经营管理部门来负责，不过，进行审批的时候，生产经营管理部门只是从工程项目成本消耗情况入手，他们对于项目施工期间投入的成本关注度较低，甚至忽略过去。对于大部分的项目管理人员来讲，仅仅关心工程材料的使用以及工程进度的开展，可是，完全不了解项目成本管理环节的要点，项目受损之后也漠不关心。该种现象经过长时间的持续，建筑企业就会因为无法获取相应的利润而产生问题，最终倒闭。基于此，建筑企业必须加大对其重视力度，制定规定且完善的项目成本管理制度。比如，可以将成本包干制度引进于变动性较小的项目中，无论是产生亏损状态，还是盈利，均是由管理人员一并承担。使用该项制度能够产生较大的作用，它有助于建筑企业及时了解和掌握到成本运行现象，实现各项成本管理的目的。

二、标准的创新

在成本管理过程中，有的企业通常是引用升级工程的预算定额，虽然是如此，不过，在具体管理期间经常发生和工程预算预期情况不一致现象。在这其中，员工数目和预期的有着很大的差别，这便使得工程项目成本管理难度加大。对于不同环节的预算定额而言，也存在着一定的差距性，举例说明，当对相同土方进行挖掘和运输的时候，通常使用价格不同的水利定额，该种现象导致建筑企业工程项目成本管理不到位，存在着松懈的现象，不利于建筑企业考核工作的公平公正性。基于此，建筑企业必须制定严格且明确的规定，使用规范性强的管理定额，将以往项目成本预算期间参照的标准作为规定要求来看待，从而在一定程度上确保项目成本管理机制的公平公正性。

三、方式的创新

一般来讲，建筑工程项目开展情况较长，并且从项目内容来讲，具备较大的复杂性。通常，建筑企业项目成本管理工作都是将关注点放在了对于材料的购买以及劳动服务分包价的管理上，可是，对于项目数量的管理力度较低，存在的问题非常明显。在对项目进行设计的时候，由于受到诸多因素的影响，使得工程成本控制不到位。在完成项目之后，统计出来的实际输出往往会超出预期的成本预算，项目的成本管理效果无法有效发挥。针对上述问题，建筑企业需要建设合理的成本管理体系，将以往计时月工资的方式转换为项目管理部门统一进行结算。待完成施工工程之后，需要及时进行考核。假设某项施工阶段的成本比预算的要低出很多，那么应当对相关人员进行相应比例的奖励。与此同时，还要大力奖励工作中引进提出创新性工艺和设施的人员。

四、税务管理方面的创新

最近几年，营改增得到了大力落实，在这一现状下，各项建筑企业需要有效地对税务管理工作进行整顿，在遵循税制要求和有关法规制度的基础上来制订相应的税务计划，然后创新和改进与营业税有关的成本管理方式。现阶段，要想实现基于增值税模式的税务管理创新目标，建筑企业就需要做好以下几个环节的工作：

（1）工程管理单位需要根据企业进货销售渠道，从产品价格、能不能开具增值税发票等方面入手，进行有效的对比，选择信誉度高、专业并且有保障的供应单位。

（2）建筑企业应当大力提升自身的项目管理技能，配置高素质的管理人员，做好企业财务工作的对接。进行对接的时候，明确增值税专用发票，让企业可以享受到政府享受的税收优惠，以此减少工程项目成本的过度浪费。

五、对人工以及材料成本进行全面控制

在建筑工程成本管理期间，人工成本和材料成本是工程施工期间消耗最多的两种因素，因此，做好人工和材料成本的控制工作，是实现成本管理的重点。当对成本进行管理的时候，项目直接成本控制具备一定的复杂性，其包含了人工成本和材料成本控制。在人工成本控制期间，人员工资和社会经济发展有着密切的联系，对人工成本展开控制的时候，需要在了解社会发展情况并且严格劳动定额的基础上进行。适当的提升人员自身的技术操作能力，为人员营建一个良好工作环境。落实人员职责，将其安排在符合自身需求的岗位中。最后，制定具备弹性需求的劳务管理体系，根据工人特征适当的进行调整，在提升劳动使用效率的基础上对人工成本进行严格控制。

在建筑工程施工期间，材料占据工程的 50% 以上，因此，适当减少材料成本输出是

特别重要性。对材料进行采购的时候，采购人员应当从信誉度高较高的供应商入手，将限额领料制度落实于企业内部中，在防止材料浪费的基础上对材料成本进行严格控制。与此同时，还需要做好余料回收工作，安全防止材料，加强对其的预防力度，以免不良因素对于材料产生一定的影响。此外，将材料运输到现场之前，需要详细检查材料，防止不合格的材料进入施工现场，在提升质量的基础上减少损失的出现，以此实现建筑项目成本管理工作的安全开展。

建筑工程成本管理工作包含了多个方面，各个方面都有着一定的复杂性。当前，在开展该项工作的时候，并非是想象中的那么简单，而是要求建筑企业从多个途径入手，对工程成本管理进行创新，以此提升企业成本管理效率。本文从多方面对工程项目成本管理工作展开了创新，其中，主要体现为制定规范性的预算定额，引进创新性强的管理模式，完善相关的制度等，希望以此可以减少建筑企业成本输出，提升经济效益，促使企业安全运行。

第六章　建筑工程的造价管理创新

第一节　建筑工程造价管理的概述

建筑工程是各类房屋建设及其附属设施的建造和与其配套的线路、管道的安装。建筑工程造价是指完成一个建设项目所需费用的总和，或者说是一种承包交易价格或合同价。工程造价管理是一项融技术、经济、法规为一体的综合性系统工程。

一、建筑工程造价管理的界定

建筑工程造价管理是由建筑工程、工程造价、造价管理三个属性不同的关键词所组成。

（一）工程与建筑工程

1. 工程

是将自然科学的原理应用到工农业生产部门中去而形成的各学科的总称，是应用数学、物理学、化学等基础科学的原理，结合在生产实践中所积累的技术经验而发展起来的。

2. 建筑工程

即土木工程，既指部件产品，即由建筑业承担固定投资设计、建筑和安装任务的成果，包括房屋建筑物和各类构筑物，又指一个活动范畴，即包括从事整个建筑、市政、交通、水利等土木工程各相关活动的总称。

（二）建筑工程项目分类

按照不同的角度，可以将建设项目分为不同类别。

1. 按照建设性质分类

（1）新建项目：是指从无到有，"平地起家"，新开始建设的项目。有的建设项目原有基础很小，经扩大建设规模后，其新增加的固定资产价值超过原有固定资产价值 3 倍以上的，也算新建项目。

（2）扩建项目：是指原有企业、事业单位，为扩大原有产品生产能力或增加新的产品生产能力，而新建主要车间或工程的项目。

（3）改建项目：实际上包括改扩建与技术改造项目，指原有企业为提高生产效率，改进产品质量或改变产品方向，对原有设备或工程进行改造的项目。

（4）迁建项目：是指原有企业、事业单位，由于各种原因经上级批准搬迁到另地建设的项目。迁建项目中符合新建、扩建、改建条件的，应分别作为新建、扩建或改建项目。迁建项目不包括留在原址的部分。

（5）恢复项目：是指企业、事业单位因自然灾害、战争等原因使原有固定资产全部或部分报废，以后又投资按原有规模重新恢复起来的项目，在恢复的同时进行扩建的，应作为扩建项目。

2. 按照建设规模分类

基本建设项目按照设计生产能力和投资规模分为大型项目、中型项目和小型项目三类。更新改造项目按照投资额分为限额以上项目和限额以下项目。

3. 按项目法人组建分类

我国实行建设项目法人责任制以后，为了进一步明确责任主体、责任范围、目标和权益以及风险承担方式，落实投资责任约束机制，规范项目法人行为，提高投资效益，将投资项目按项目融资方式不同分新设项目法人项目和既有项目法人项目。

4. 按照国民经济各行业性质和特点分类

（1）竞争性项目：指投资效益比较高、竞争性比较强的一般性建设项目。

（2）基础性项目：指具有自然垄断性、建设周期长、投资额大而收益低的基础设施和需要政府重点扶持的一部分基础工业项目，以及直接增强国力的符合经济规模的支柱产业项目。

（3）公益性项目：主要包括科技、文教、卫生、体育和环保等设施，公、检、法等政权机关，以及政府机关、社会团体办公设施和国防建设等。

（三）工程造价

两种含义：一是指投资额或称建设成本；二是指合同价或称承发包价格。

1. 工程造价的两种含义

"双义"之一的投资额（建设成本），是指建设项目的建设成本，即完成一个建设项目所需费用的总和，它包括建筑工程、安装工程、设备及其他相关费用。投资额是对投资方、业主、项目法人而言。为谋求以较低投入获取较高产出，在确保功能要求、工程质量的基础上，投资额总是要求越低越好，折旧必须对投资额实行从前期开始的全过程控制和管理。

"双义"之二的合同价（承发包价），是指建筑工程实施建造的契约性价格。合同价是对发包方、承包方双方而言的。一方面，由于双方的利益追求是有矛盾的，在具体工程上，发包方希望少花费投资，而承包方则希望多赚取利润，各自通过市场谋取有利于自身的合理的承发包价，并保证价款支付的兑现和风险的补偿，因此双方都有对具体工程项目的价格管理问题。另一方面，市场经济是需要引导的，为了保证市场竞争的规范有序，确保市场定价的合理性，避免各种类型包括不合理的高报价与人为压价在内的不正当竞争行为的发生，国家也必须加强对市场定价的管理，进行必要的宏观调控和监督。

2. 工程造价不同含义的区别

性质不同、要求不同、形成的机制不同、存在的问题及原因不同；其中如性质不同，是由于工程价格即合同价属于价格性质，而工程投资不属于价格性质。一般来说，业主进行工程项目建设实现投资不是为了出卖交换，因而其投资额不具有价格性质，当然，投资额取决于价格因素，同时投资额也是通过价格来体现的。

（四）造价管理

管理，是为完成一项任务或实施一个过程所进行的计划、组织、指挥、协调、控制、处理的工作总和，是人类组织社会生产活动的一个最基本的手段。

1. 工程造价管理的内涵

工程造价管理由于工程造价含义的双重性，因而对工程投资的管理与对工程价格的管理有显著的不同。工程造价管理的两种内涵虽有不同之处，但两者仍有着密切的联系，

2. 工程造价管理的特点

（1）时效性，反映的是某一时期内的价格特性，即随时间的变化而不断变化。

（2）公正性，既要维护业主的合法权益，也要维护承包商的利益，站在公允的立场上一手托两家。

（3）规范性，由于建筑产品千差万别，构成造价的基本要素可分解为便于可比与计量的假定产品，因而要求标准客观、工作程序规范。

（4）准确性，即运用科学、技术原理及法律手段进行科学管理，计量、计价、计费有理有据，有法可依。

二、建筑工程造价计价的特点与影响造价的因素

（一）工程造价计价的特点

价格是价值的货币表现形式。建筑工程的生产及其产品不同于一般工业品，它在整个寿命期内坐落在一个固定地方，与大地相连，因而包括土地的价格；生产方式取决于季节、气候且施工人员与机械围绕产品"流动"因而需要有施工措施费，等等。

1. 单件性计价

每一个工程项目都有其特定的用途，因而在其实物形态上表现为千姿百态、千差万别。它们有不同的平面布局、不同的结构形式、不同的立面造型、不同的装饰装修、不同的体量容积、不同的建筑面积，所采用的技术工艺以及材料设备也不尽相同。即使是相同功能

的工程项目，其技术水平、建筑等级与建筑标准也有差别。工程项目的技术要素指标还得适应所在地的环境气候、地质、水文等自然条件，适应当地的风俗习惯。再加上不同地区构成投资费用的各种价值要素的差异，致使建设项目不能像对工业产品那样按品种、规格、质量成批地定价，只能是单件计价。

2. 多阶段计价

工程项目的建造过程是一个周期长、数量大的生产消费过程，包括可行性研究在内的设计过程一般较长，而且要分阶段进行，逐步加深。在编制项目建议书、进行可行性研究阶段，一般可按规定的投资估算指标、以往类似工程的造价资料、现行的设备材料价格并结合工程实际情况进行投资估算。投资估算：是指在可行性研究阶段对建筑工程预期造价所进行的优化、计算、核定及相应文件的编制，所预计和核定的工程造价。

在初步设计阶段，总承包设计单位要根据初步设计的总体布置、工程项目、各单项工程的主要结构和设备清单，采用有关概算定额或概算指标等编制建设项目的总概算。它包括从筹建到竣工验收的全部建设费用。设计概算：是指在初步设计阶段对建筑工程预期造价所进行的优化、计算、核定及相应文件的编制。初步设计阶段的概算所预计和核定的工程造价称为概算造价。经批准的设计总概算是确定建设项目总造价、编制固定资产投资计划、签订建设项目承包总合同和贷款总合同的依据，也是控制项目投资和施工图预算以及考核设计经济合理性的依据。

在建筑安装工程开工前，要根据施工图设计确定的工程量，或采用清单计价模式或用以编制招标控制价，或采用定额计价模式套用有关预算定额单价、间接费取费率和利润率等编制施工图预算。施工图预算：是指施工图设计阶段对建筑工程预期造价所做的优化、计算、核定及相应文件的编制。

在签订建设项目或工程项目总承包合同、建筑安装工程承包合同、设备材料采购合同时，要在对设备材料价格发展趋势进行分析和预测的基础上，通过招标投标，由发包方和承包方共同确定一致同意的合同价作为双方结算的基础。所谓合同价款：是指按有关规定或协议条款约定的各种取费标准计算的用以支付给承包方按照合同要求完成工程内容的价款总额。

工程项目竣工交付使用时，建设单位需编制竣工决算，反映工程建设项目的实际造价和建成交付使用的固定资产及流动资产的详细情况，作为资产交接、建立资产明细表和登记新增资产价值的依据。

3. 分解组合计价

建设项目、单项工程、单位工程、分部工程、分项工程。

（1）建设项目：是按照一个总体设计进行建设的建设单位，即凡是按照一个总体设计进行建设的各个单项工程总体即一个建设项目，它一般指一个企业、事业单位或独立的工程项目。

（2）单项工程：可独立发挥生产能力或效益的工程单位，即在建设项目中，凡是具有独立的设计文件、竣工后可以独立发挥生产能力或工程效益的工程为单项工程。

（3）单位工程：是能进行独立施工和单独进行造价计算的对象。

（4）分部工程：是为了便于工料核算，按结构特征、构件性质、材料设备的型号与种类的不同，对不同部位及不同施工方法而划分的工程部位或构件如土方工程、混凝土工程。

（5）分项工程：是按施工要求和材料品种规格而划分的一定计量单位的建筑安装产品，即按照不同的施工方法、构造及规格，把分部工程更细致地分解为分项工程。

建筑工程具有按工程构成分解组合计价的特点。例如，为确定建设项目的总概算，要先计算各单位工程的概算，再计算各单项工程的综合概算，再汇总成建设项目总概算。又如，单位工程的施工图预算一般按分部工程、分项工程采用相应的定额单价、费用标准进行计算，这种方法称为预算单价法。还有实物量法。另一种计价模式是综合单价法。

（二）影响工程造价的因素

1. 价值规律对工程造价的影响

价值规律是商品生产的经济规律。价值规律的表述是：社会必要劳动时间决定商品的价值量。社会必要劳动时间的第一层含义是："社会必要劳动时间是在现有的社会正常的生产条件下，在社会平均的劳动熟练程度和劳动强度下制造某种使用价值所需要的劳动时间。"社会必要劳动时间的第二层含义是："不仅在每个商品上只使用必要的劳动时间，而且在社会总劳动时间中，也只把必要的劳动量使用在不同类的商品上。"所以商品价值取决于生产它的社会必要劳动时间（第一种含义的社会必要劳动时间），是以这种商品为社会需要、生产这种商品的劳动时间属于社会总劳动中的必要劳动时间（另一种含义的社会必要劳动时间）为前提的。

2. 货币流通规律对工程造价的影响

价格是商品价值的货币表现，即商品价值同货币价值的对比，因而价格与商品价值成正比，与单位货币所代表的价值量成反比。

3. 供求规律对工程造价的影响

商品价格除了由商品价值和货币价值本身决定以外，同时还受市场供给与需求情况的影响。"供"是指某一时间内，生产者在一定价格条件下愿意并可能出售的产品量，其中包括在该时间内生产者新提供的产品量和已有的存货量。"求"是指消费者在一定价格条件下对商品的需要量。需求有两个条件：第一，消费者有购买意愿；第二，消费者有支付能力。

在有支付能力、需求不变的情况下，一般说来，如果商品的价格发生变动，需求就会向价格变动的反方向变动：价格下降，需求增加；价格上升，需求减少。当供不应求时，价格就会上涨到价值之上；当供过于求时，价格又会跌到价值之下。商品价格背离价值的变动方向取决于供求关系的变动方向，变动幅度则取决于供求关系不平衡的关系。

总之，工程造价即受到来自价格内在因素——价值运动的影响，又受到币值、供求关系的影响，还受到财政、信贷、工资、利润、利率等各方面变化的影响。

三、工程造价管理的目标及工作要素

工程造价管理：是运用科学、技术原理和经济及法律手段，解决工程建设活动中造价的确定与控制、技术与经济、引导与服务、管理与监督等实际问题，从而提高投资经济效益。

（一）工程造价管理的目标及管理对象

1.工程造价管理的目标

遵循价值规律，健全价格调控机制，培育和规范建筑市场中劳动力、技术、信息等市场要素，企业依据政府和社会咨询机构提供的市场价格信息和造价指数自主报价，建立以市场形成为主的价格机制。通过市场价格机制的运行，达到优化配置资源、合理使用投资、有效控制工程造价，取得最佳投资效益和经济效益，形成统一、开放、协调、有序的建筑市场体系，将政府在工程造价管理中的职能从行政管理、直接管理转换为法规管理及协调监督，指定和完善建筑市场中经济管理规则。

2.工程造价管理的对象

工程造价管理的对象分为客体和主体。客体是工程建设项目，而主体是业主或投资人、承包商或承建商以及监理、咨询等机构及其工作人员。

（二）工程造价管理的工作要素

（1）可行性研究阶段对建设方案认真优选，编好、定好投资估算，考虑风险，做足投资。

（2）从优选择建设项目的设计单位、承建单位、监理单位、搞好相应的招标工作。

（3）合理选定工程的建设标准、设计标准，贯彻国家建设方针。

（4）按估算对初步设计进行控制，积极、合理地采用新技术、新工艺、新材料、新设备，优化设计方案，编制合理的设计概算。

（5）对设备、主材料进行择优采购及相应的招标。

（6）择优选定建筑安装施工单位。

（7）认真控制施工图设计，推行"限额设计"。

（8）协调好与有关方面的关系，合理处理好配套工作（包括征地、拆迁、城建规划等）中的经济关系。

（9）严格按概算对造价实行静态控制、动态管理。

（10）用好、管好建设资金，保证资金合理、有效使用，减少资金利息支出和损失。

（11）严格合同管理，做好工程索赔、价款结算。

（12）搞好工程的建设管理，确保工程质量、进度和安全。

（13）组织好生产人员的培训，确保工程顺利投产。

（14）强化项目法人责任制，落实项目法人对工程造价管理的主体地位，在法人组织内建立与造价紧密结合的经济责任制。

（15）社会咨询机构要为项目法人积极开展工程造价全过程、全方位的咨询服务，坚持职业道德，确保服务质量。

（16）各造价管理部门要强化服务意识，强化基础工作（定额、指标、指标、工程量、造价等信息资料）的建设，为建筑工程造价的合理计定提供动态的可靠依据。

（17）各单位、各部门要组织造价工程师的选拔、培养、培训工作，加快人员素质和工作水平的提高。

第二节　现行工程造价咨询制度

一、工程造价咨询业

（一）咨询及工程造价咨询

所谓咨询，是指利用科学技术和管理人才已有的专门知识技能和经验，根据政府、企业以至个人的委托要求，提供解决有关决策、技术和管理等方面问题的优化方案的智力服务活动过程。工程造价咨询：是指面向社会接受委托、承担建设项目的可行性研究，投资估算，项目经济评价，工程概算、预算、结算、竣工决算及招标控制价、投标报价的编制和审核，对工程造价进行监控以及提供有关工程造价信息资料等业务工作。

（二）我国工程造价咨询业概述

咨询业已成为我国科技与经济结合的纽带、科技转化为生产力的桥梁。从事建筑工程造价咨询活动的主体为造价工程师、造价员、工程造价咨询人。

二、造价工程师、造价员及其执业资格

在我国，造价工程师是经全国造价工程师执业资格统一考试合格，并注册取得中华人民共和国造价工程师注册证书和执业印章，从事建筑工程造价活动的专业人员，造价员也实行全国建筑工程造价员资格证书制度。

（一）造价工程师的素质要求

包括思想品德方面的素质、专业方面的素质和身体方面的素质三个方面。其中专业方面的素质集中表现在以专业知识和技能为基础的工程造价管理方面的实际工作能力。其专

业素质体现在以下几个方面：

（1）造价工程师应是复合型的专业管理人才。应具备工程、经济和管理知识与实践经验的高素质复合型专业人才。

（2）造价工程师应具备技术技能。技术技能：是指能使用由经验、教育及训练上的知识、方法、技能及设备，来达到特定任务的能力。应掌握与建筑经济管理相关的金融投资及相关法律、法规和政策，工程造价管理理论及相关计价依据的应用，工业与建筑施工技术知识，信息化管理的知识。在实际工作中应能运用以上知识与技能，解决诸如方案的经济比选；编制投资估算、设计概算和施工图预算；编制招标控制价和投标报价；编制补充定额和造价指数；进行合同价结算和竣工决算，并对项目造价变动规律和趋势进行分析和预测能力。

（3）造价工程师应具备人文技能。人文技能：是指与人共事的能力。

（4）造价工程师应具备观念技能。观念技能：是指了解整个组织及自己在组织中地位的能力，使自己不仅能按本身所属的群体目标行事，而且能按整个组织的目标行事。

（二）造价工程师的职业道德与法律责任

1. 造价工程师的职业道德

中国建筑工程造价管理协会在 2002 年正式颁布了《造价工程师职业道德行为准则》，有关要求如下：①遵守国家法律、法规和政策，执行行业自律性规定，珍惜职业声誉，自觉维护国家和社会公共利益；②遵守"诚信、公正、精业、进取"的原则，以高质量的服务和优秀的业绩，赢得社会和客户对造价工程师的尊重；③勤奋工作，独立、客观、公正、正确地出具工程造价成果文件，使客户满意；④诚实守信，尽职尽责，不得有欺诈、伪造、作假等行为；⑤尊重同行，公平竞争，搞好同行之间的关系，不得采取不正当的手段损害、侵犯同行的权益；⑥廉洁自律，不得索取、收受委托合同约定以外的礼金和其他财务，不得利用职务之便谋取其他不正当的利益；⑦造价工程师与委托方有利害关系的应当回避，委托方有权要求其回避；⑧知悉客户的技术和商务秘密，负有保密义务；⑨接受国家和行业自律组织对其职业道德行为的监督检查。

2. 法律责任

主要涉及对擅自从事造价业务的处罚、对注册违规的处罚以及对执业活动违规的处罚。

（三）造价工程师的执业资格考试与教育培养

1. 考试

工程造价人员通过资格考试取得职业资格。获得造价工程师资格证书的人员，表明已具备造价工程师的水平和能力，其证书作为依法从事建筑工程造价业务的依据。

（1）报考条件：凡中华人民共和国公民，符合一定的学历要求和专业年限的，均可申请参加造价工程师执业资格考试：工程造价专业大学毕业后，从事工程造价业务工作满

5 年；大专毕业后，业务工作满 6 年。工程造价专业本科毕业后，从事工程造价业务工作满 4 年；本科毕业，业务满 5 年。获上述专业第二学士学位或研究生班毕业和获硕士学位后从事工程造价业务工作满 3 年。获的上述专业博士学位后，从事工作满 2 年。

（2）考试科目：a 工程造价管理基础理论与相关法规，主要内容包括投资经济理论、经济法与合同管理、项目管理等；b 工程造价计价与控制，除掌握造价基本概念外，主要体现全过程造价确定与控制思想，以及对工程造价管理信息系统的了解；c 建筑工程技术与计量，要求掌握各专业基本技术知识与计量经验；d 工程造价案例分析，要求能计算、审查专业单位工程量计算。

（3）证书的取得。

2. 教育

教育方式有两类：一是普通高校和高等职业技术学校的系统教育，也称为职前教育；二是专业继续教育，也称为职后教育。

（四）造价工程师的注册与执业

1. 注册

注册分初始注册、变更注册、延续注册以及撤销注册与注销注册，其中初始注册的条件为：取得造价工程师的执业资格；受聘于一个工程造价咨询企业或工程建设的建设、勘察设计、施工、招标代理、工程监理、工程造价管理等单位。申请者按规定的时限与程序，提交相应的材料即可注册。

2. 执业

（1）注册造价工程师的业务范围：建设项目建议书、可行性研究投资估算的编制和审核，项目经济评价，工程概算、预算、结算及竣工结算的编制和审核；工程量清单、招标控制价。投标报价的编制和审核，工程合同价款的签订及变更、调整，工程款交付与工程索赔费用的计算；建设项目管理过程中设计方案的优化、限额设计等工程造价与分析与控制，工程保险理赔的核查；工程经济纠纷的鉴定。

（2）注册造价工程师的权利：使用注册造价工程师名称；依法独立执行工程造价业务；在本人执业活动中形成的工程造价成果文件上签字并加盖执业印章；发起设立工程造价咨询企业；保管和使用本人的注册证书和执业印章；参加继续教育。

（3）注册造价工程师的义务

（五）造价员

是指通过考试，取得《全国建筑工程造价员资格证书》，从事工程造价业务的人员。

三、工程造价咨询人资质及管理

工程造价咨询人，是指接受委托，对建设项目投资、工程造价的确定与控制提供专业咨询服务的企业。

（一）资质等级与标准

工程造价咨询企业资质等级分为甲级、乙级两级。其中，甲级工程造价咨询企业资质标准如下：

（1）已取得乙级工程造价咨询企业资质证书满3年。

（2）企业出资人中，注册造价工程师人数不低于出资人总人数的60%，且其出资额不低于企业注册资本总额的60%。

（3）技术负责人已取得造价工程师注册证书，并具有工程或工程经济类高级专业技术职称，且从事工程造价专业工作15年以上。

（4）专职从事工程造价专业工作的人员不少于20人，其中，具有工程或者工程经济类中级以上专业技术职称的人员不少于16人，取得造价工程师注册证书的人员不少于10人，其他人员具有从事工程造价专业工作的经历。

（5）企业与专职企业人员签订劳动合同，且专职专业人员符合国家规定的职业年龄。

（6）专职专业人员人事档案关系由国家认可的人事代理机构代为管理。

（7）企业注册资本不少于人民币100万元。

（8）企业近3年工程造价咨询营业收入累计不低于人民币500万元。

（9）具有固定的办公场所，人均办公建筑面积不少于10平方米。

（10）技术档案管理制度、质量控制制度、财务管理制度齐全。

（11）企业为本单位专职专业人员办理的社会基本养老保险手续齐全。

（12）无相关禁止的行为。

乙级：专职专业人员不少于12人，其中，具有工程或者工程经济类中级以上专业技术职称的人员不少于8人；取得造价工程师注册证书的人员不少于6人，其他人员具有从事工程造价专业工作的经历；暂定期内工程造价咨询营业收入累计不低于人民币50万元。

（二）资质许可

1. 工程造价咨询企业资质申请材料

申请工程造价咨询企业资质，应当提交下列材料并同时在网上申报：工程造价咨询企业资质等级申请书。专职专业人员的造价工程师注册证书、造价员资格证书、专业技术职称证书和身份证。专职专业人员的人事代理合同和企业为其交纳的本年度社会基本养老保险费用的凭证。企业章程。股东出资协议并附工商部门出具的股东出资情况证明。企业缴纳营业收入的营业税发票或税务部门出具的缴纳工程造价咨询营业收入的营业税完税证明；企业营业收入含其他业务收入的，还需出具工程造价咨询营业收入的财务审计报告。

工程造价咨询企业资质证书。企业营业执照。固定办公场所的租赁合同或产权证明。有关企业技术档案管理、质量控制、财务管理等制度的文件。法律、法规规定的其他材料。

2. 资质许可的有关规定

工程造价咨询企业资质证书由国务院建设主管部门统一印制,分为正本和副本。同等法律效力。对于新申请工程造价咨询企业资质的,其资质等级按乙级工程造价咨询企业资质标准核定,设暂定期一年,暂定期届满 30 日前,可向资质许可机关申请换发资质证书。工程造价咨询企业资质有效期为 3 年,有效期届满 30 日前可提出资质延续申请,资质有效期延续 3 年。工程造价咨询企业合并的名称、住所、组织形式、法定代表人、技术负责人、注册资本等事项发生变更的,应当自变更确立之日起 30 日内,到资质许可机关办理资质证书变更手续。

(三)工程造价咨询管理

工程造价咨询企业依法从事工程造价咨询活动,不受行政区域限制。甲级工程造价咨询企业可以从事各类建设项目的工程造价咨询业务。乙级工程造价咨询企业可以从事工程造价 5000 万元人民币以下的各类建设项目的工程造价咨询业务。

1. 工程造价咨询业务范围

建设项目书及可行性研究投资估算、项目经济评价报告的编制和深根;建设项目概预算的编制与审核,并配合设计方案比选、优化设计、限额设计等工作进行工程造价分析与控制;建设项目合同价款的确定,合同价款的签订与调整及工程款支付,工程结算及竣工结算报告的编制与审核等。工程造价经济纠纷的签订和仲裁的咨询;提供工程造价信息服务等。

2. 工程造价咨询企业不得有下列行为

涂改、倒卖、出租、出借资质证书,或者以其他形式非法转让资质证书;超越资质等级业务范围承接工程造价咨询业务;同时接受招标人和投标人或两个以上投标人对同一工程项目的工程造价咨询业务;以给予回扣、恶意压低收费等方式进行不正当竞争;转包承接的工程造价咨询业务;法律、法规禁止的其他行为。

3. 可以撤销工程造价咨询企业的情形

资质许可机关工作人员滥用职权、玩忽职守做出准予工程造价咨询企业资质许可的;超越法定职权做出准予工程造价咨询企业资质许可的;违反法定程序做出准予工程造价咨询企业资质许可的;对不具备行政许可条件的申请人做出准予工程造价咨询企业资质许可的;依法可以撤销工程造价咨询企业资质的其他情形。工程造价咨询企业以欺骗、贿赂等不正当手段取得工程造价咨询企业资质的,应当予以撤销。

4. 注销工程造价咨询企业资质的情形

工程造价咨询企业有效期满,未申请延续的;资质被撤销、撤回的;依法终止的。

5. 信用档案信息

包括工程造价咨询企业的基本情况、业绩、良好行为、不良行为等内容。

第三节　工程造价管理发展及趋势

一、我国工程造价管理现状及发展

（一）历史沿革及现状

1. 历史沿革

1950～1957年，与计划经济相适应的概预算定额制度建立时期。

1958～1969年，概预算定额管理逐渐被消弱阶段。

1966—1976年，概预算定额管理工作遭严重破坏阶段。

1967年，建工部直属企业实行经常费制度。

1977年～20世纪90年代初，造价管理工作整顿和发展阶段。

2. 工程造价管理改革历程

改革开放后，工程造价改革日益深入。20世纪80年代原国家计委、建委下发了《关于扩大国有企业经营管理自主权有关问题暂行规定》，恢复了法定利润按工程成本的2.5%计取，同时国有施工企业按承包工程预算成本提取3%的技术装备费，从而启动了建筑产品商品化的进程。在体制改革与机构职能转换以及人员培养方面也发生重大突破。

（二）工程造价管理体制分析及改革的主要任务

1. 工程造价管理体制分析

（1）未能把建筑产品作为商品，因而工程造价的构成没有体现社会必要劳动消耗，工程造价水平没有体现社会必要劳动水平。

（2）由于以办理工程价款结算为主要目的，因而注重工程建设实施阶段，特别是施工阶段的工程造价管理，忽视了设计阶段，没能在设计阶段通过工程造价管理影响设计，优化设计，未能有效地控制工程造价。

（3）投资估算、设计概算、施工图预算、承包合同价、工程结算价、竣工决算分别由建设单位及其主管部门、设计单位和施工企业单位，"阶段割裂、各管一段"，互相脱节，没有一个完整的控制系统。

（4）工程造价管理体制过于集中，使工程造价长期偏离价值，不能体现供求关系，没有建立起一套有效的工程造价控制制度。

2. 工程造价管理改革的主要任务与目标

（1）建立健全工程造价管理计价依据，创造适应社会主义市场经济的价格机制。

（2）健全法规体系，实行法制化、规范化管理。

（3）健全工程造价管理机构，充分发挥引导、管理、监督、服务职能。

（4）严格工程造价管理人员的资格准入与考核认证，加强培训提高人员素质。

（5）建立并完善工程造价管理信息系统，运用先进手段实施高效的动态管理。

二、发达国家与地区工程造价管理及其特点

（一）发达国家与地区工程造价管理

1. 国际造价工程师联合会

是一个旨在推动国际造价工程活动和发展的协调组织，为各国造价工程协会的利益而促进相互间的合作，其会员组织通过代表来管理 ICEC 的活动。职责是促进团体会员之间的交流和在世界范围内推进造价工程专业的发展。

2. 美、英、法工程造价管理

（1）美国工程造价管理：特点：一是业主自主负责；二是专业人员独立股价；三是全程管理一元化；四是社会服务功能强。

（2）英国工程造价管理。

（3）法国工程造价管理。

3. 香港特别行政区工程造价管理

（1）工程造价的分类与计算规则。香港特别行政区建筑市场的承包工程分两大类：政府工程和私人工程。政府工程由工务局下属的各专业署组织实施，实行统一管理、统一建设。计价一般先确定工程量，而这种工程量的计算规则是香港测量师根据英国皇家测量师学会编制的《英国建筑工程量计算规则》。一般而言，所有招标工程均已由工料测量师计算出工程量，并在招标文件中附有工程量清单，承包商无须再计算或复核。针对已有的工程量清单，应有承包商报价。报价的基础是承包商积累的估价资料，而且整个估价过程是考虑价格变化和市场行情的动态过程。

（2）工程计价文件类型。业主的估价是从建设前期开始，内容包括：在可行性研究阶段，参照以往的工程实例，制定初步估算；在方案设计阶段，采用比例法或系数法估算建筑物的分项造价；在初步设计阶段，根据已完成的图纸进行工料测量，制定成本分项初步概算；在详细设计阶段，根据设计图纸及《香港建筑工程工程量计算规则》的规定，计算工程量。

（3）工程计价方法。在香港特别行政区不论是政府工程还是私人工程，一般都采用招标投标的承包方式，完全把建筑产品视为商品，按商品经济规律办事。工程招标报价一般都采用自由价格。

（二）发达国家与地区工程造价管理的特点

（1）行之有效的政府间接调控，在国外，按项目投资来源渠道的不同，一般可分为政府投资项目和私人投资项目。政府对工程造价的管理，主要采用间接手段，如英国对政府投资工程采取集中管理的方法；美国对政府的投资项目则采用两种方式：一是由政府设专门机构对工程进行直接管理；二是通过公开招标委托承包商进行管理。

（2）有章可循的计价依据。

（3）多渠道的工程造价信息。

（4）贴近市场实际的动态估价。

（5）通用的合同文本。

（6）项目实施过程中造价的动态控制。

三、建设项目工程造价管理模式分析及发展趋势

（一）建设项目造价管理模式类型及其核心思想

1. 建设项目全生命周期造价管理

核心概念：其一，它是用于建设项目投资分析和决策的一种工具，其核心思想是要在建设项目投资决策和建设项目备选方案评选中要遵循工程项目建造和运营维护两个方面成本最优的原则；其二，它是建筑设计中的一种指导思想和手段，用它可以计算一个建设项目整个生命周期的全部成本乙级相应的社会与环境成本等；其三，它是一种实现建设项目全生命周期造价最小化的一种计划方法。

2. 建设项目全过程造价管理

核心概念：其一，基于活动和过程的建设项目造价管理模式，用来确定和控制建设项目全过程造价；其二，它要求在建设项目工程造价确定中适用基于活动的造价确定方法；其三，要求在建设项目工程造价控制中使用基于活动的造价控制方法。

3. 建设项目全面造价管理

核心概念：其一，它是系统观在建设项目造价管理上的反映，它可以用来分析、评价、确定和控制建设项目的工程造价；其二，它包含了建设项目全生命周期造价管理的思想和方法；其三，包含建设项目全过程造价管理的思想和方法，要求人们按照基于活动的确定和管理方法去确定和控制建设项目全过程的造价。

（二）建设项目造价管理不同模式的应用与发展趋势

1. 全生命周期造价管理模式的特点与应用

建设项目全生命周期造价管理的模式主要是在项目设计和决策阶段使用的一种全面考虑建设项目成本和价值原理的方法，它有助于人们在项目全过程中统筹考虑建设项目全生

命周期的成本并帮助人们提升项目的价值。

2. 全过程造价管理模式的特点与应用

全过程造价管理模式要求使用基于活动的方法去确定和控制一个建设项目的造价，要求针对项目活动及其方法进行分析和改进，力求降低或消除项目的无效或低效活动从而实现建设项目造价的全面控制。

3. 全面造价管理模式的特点与应用

第四节　建筑工程造价超预算的原因分析

随着时代不断发展，人们生活水平提升，对于建筑的质量要求也不断提升，建筑工程造价超预算问题越来越受到关注。在实际的工程建设过程中，施工企业在施工前期，应对工程造价预算进行有效的控制，制定相关的工程造价预算规划方案，同时，工作人员进行合理配合，以此来提升建筑工程的整体经济效益。

一、建筑工程造价预算内容

建筑工程造价涉及建筑施工的各个方面，在实际的预算过程中，相关工作人员应考虑工程的间接费用、直接费用、税金以及经济利润等。间接费用主要包括规费与企业管理费等，而直接费用则包括措施费与工程费，其中工程费包括材料费、人工费以及施工机械设备的使用费用等，措施费包括文明施工、环境保护、临时设施费、搬运费以及夜间施工费等。

二、建筑工程造价预算工作的重要意义

在当前的时代背景下，市场竞争日益激烈，建筑企业想要在市场竞争中占据主要地位，必须提升自身的竞争力，以保证工程质量为前提，做好工程造价预算工作，以此来降低施工过程中的成本支出，提升企业的经济效益，从而提升企业的实力与市场竞争力。建筑工程造价预算工作的开展，能有效降低因工程造价控制不合理而导致建筑质量问题、设计变更现象以及工程返工现象的发生概率，从而保证建筑工程顺利进行。当建筑工程出现返工现象时，返工过程会增加施工成本的支出，严重影响后续工程的顺利开展，甚至导致工期出现延误，不能按时完成施工。建筑工程造价工作的顺利开展，能对建筑施工过程中的相关资源进行优化处理，例如，人力资源、设备资源、财力等，合理规划建筑施工企业在各个施工阶段的资金投入，对于提升建筑施工企业的经济效益具有重要意义。

三、建筑工程造价超预算的致因分析

（一）工程造价预算编制不够完善

在建筑工程造价预算的编制过程中，相关编制工作人员需要对影响造价预算的所有因素进行全面的分析，以保证工程造价合理。但在分析过程中，由于建筑工程复杂，涉及施工项目较多，致使编制人员遗漏部分造价支出内容，导致建筑工程造价预算出现漏项情况，影响最终造价预算。同时，建筑施工单位为应对竞标，在保证工程质量的基础上，通常使工程造价编制增加部分设计内容，导致施工成本提升，最终形成超预算现象。

（二）建筑工程造价预算受市场材料价格影响

建筑材料是保证建筑施工正常运行的基础，因此，由于建筑材料的市场价格处于不稳定状态，材料价格一旦产生波动，将直接影响工程造价预算变化。建筑工程的施工材料种类多、数量大，甚至跨领域，所以，对我国建筑材料进行科学有效的宏观调控至关重要。但在实际的调控过程中，受国际市场与对外开放的市场经济影响，最终使建筑材料市场的价格无法准确估算，从而导致工程造价超预算。

（三）忽视工程实施阶段

建筑工程实施阶段，贯穿所有建设项目，如果在此阶段忽视造价预算，将实施阶段分开进行造价预算与造价控制，将导致出现超预算现象。例如，工作人员没有对工程建设制度进行合理分析、未结合实际情况对预算编制调整、未分析施工材料的使用情况等，从而影响工程造价预算。

（四）受造价预算人员自身水平影响

在建筑工程造价预算过程中，受预算人员自身的专业水平与能力影响，工作人员在实际的预算过程中，可能出现预算不合理情况，从而导致预算结果与建筑工程的实际造价产生一定的偏差，影响工程顺利进行。

四、建筑工程造价超预算的控制措施

（一）完善工程造价预算编制

预算编制是建筑工程造价中的重要组成部分，因此，为保证工程造价控制工作的顺利实现，相关工作人员必须利用科学有效的方式对工程造价预算编制进行完善，具体来说，主要包括以下几点注意事项：①相关工作人员在预算编制过程中，应首先树立良好的工作态度，认真负责，做好工程量、定额单价以及施工图纸等工作，其次，加强对施工现场的实际分析与监督，以此为基础，对相关设计图进行进一步的研究分析，为预算编制工作的开展奠定良好的基础；②受市场自身特性影响，建筑的施工材料价格与规格不断处于改变状态，因此，工作人员应对材料的质量、价格、规格以及性价比等因素进行详细的分析，结合市场的实际变化与工程施工变化，及时进行价格调整；③在工作开展过程中，工作人员应加强对外界环境和法律政策的关注与掌握，做好完善的准备工作，以此来提升预算编制的高效性与科学性。

（二）加强对市场材料价格变化趋势的预测

由于建筑工程材料的市场价格对工程造价预算产生直接影响，因此，应加强对市场材料价格变化趋势的预测，合力对建筑工程造价超预算进行控制，以此来降低材料的市场价格对工程造价的影响，具体来说，应主要从以下几点进行改善：①加强对市场材料价格的掌控，并做好相关的预算工作，将预算结果变得具有一定的弹性，使建筑材料在施工时适应市场的价格变化形式，从而提升工程造价预算的准确性，使造价预算符合实际的工程建筑，避免工程造价超预算情况出现；②加强专业人员对市场材料的调研，其调研内容主要包括市场建筑材料的价格、建筑商情况、相关建筑人才等，同时保证相关调研资料的准确性，帮助工作人员对建筑材料的市场行情进行合理分析。基于此可知，加强对市场材料价格变化趋势的预测，能有效对建筑造价超预算进行约束，提升造价预算的精确性，从而保证企业的经济效益。

（三）加强项目实施阶段的预算控制

项目实施阶段是建筑工程中资金投入最大的阶段，也是投标与招标工作的后续延伸，合同细化阶段。据相关数据显示，建筑工程的项目实施阶段对整体工程造价的影响约占15%，所以，当前大部分的施工企业常常忽略对建筑工程项目实施阶段的预算控制，但实际上，在施工过程中项目实施阶段由人为引起的财力、物力以及人力浪费现象严重，具体来说，主要包含以下两方面因素：①施工单位自身的技术水平、判断决策失误或合同变更情况，引起工程造价增长；②受外界的因素影响，如，不可避免的地震、台风、洪水或泥石流等自然环境影响或人类难以控制的客观因素，如，法律政策、战争等因素影响。因此，相关工作人员应重点落实建筑工程中合同造价的各项内容，控制相关的关键环节，以此来提升企业经济效益。

（四）提升工程造价预算人员自身的专业水平

工程造价预算人员自身的专业水平与能力对工程造价工作的有效进行产生直接影响，关系到企业获取的经济效益，因此，应强化预算人员的自身专业水平，例如，不断参加培训、与同行进行交流等，利用专业知识，将超预算现象的发生概率降低。

综上所述，在建筑工程超预算控制过程中，相关工作人员应完善现有的工程造价预算编制，提升预算人员自身的专业水平，加强对工程造价审批，科学合理的对建筑材料市场价格变化进行调研，从整体上控制超预算问题。但在实际的控制过程中，还存在一些问题，需要相关人员不断改进，以提升经济效益。

第五节　建筑造价及施工管理的结合创新

伴随我国社会主义现代化建设的发展，我国建筑市场发展景气好。建筑企业要实现经济和质量的双丰收就需要把建筑造价与施工管理结合起来，从整体上落实项目。因此，文章以分析研究建筑造价与施工管理有机结合的方法为重点，希望给企业的管理人员指点迷津，实现建筑市场的持续发展。

一、建筑造价与施工管理的具体内涵

（一）建筑造价

建筑造价是指在建筑项目建设过程中所有花费的费用，其中也包括从项目筹建到竣工验收的任何所用到的费用。建筑造价管理部门是归纳整理将各个部门的财务情况的企业非常重要的部门。在建筑企业发展的过程中，建筑造价管理部门会全方位的规划对施工项目中所需要的费用，将施工管理与建筑造价紧密结合起来。

（二）施工管理

进行施工管理可以很好地避免施工企业产生经济损失还有安全事故。建筑施工管理就是指就在工程项目的整个建设过程中，管理员要对各个方面的管理问题都要进行仔细地考虑，对工程管理方面的工作不断进行改进与完善，进而推动企业取得更高的效益。在施工现场中，施工管理员要严格的控制好施工现场，推动施工的安全运行。

二、建筑造价与施工管理有机结合的意义

在项目施工开始前，相关的工作人员要组织好各个部门，对项目的前期的工作进行合理的规划。首先，要对施工方案进行合理制定，对时间进行合理安排，有效的分配各种资源，其中也包含对各种机械用品进行科学调配，如果企业的自有资源缺乏，就要招聘更多具有专业知识和能力的人才。

此外，相关工作人员要以施工图纸为依据，对施工项目做好预算，然后对成本进行有效控制，让各个施工环节的有关负责人都要对这些成本进行有效掌握。二者紧密联系、密不可分，只有将二者有机结合才会使建筑工程项目得到有效落实。

三、建筑造价与施工管理有机结合的方法分析

（一）认真落实二者的相互监督

在建筑工程项目当中，工程造价与施工管理二者之间的关系非常紧密，密不可分。在对双方展开有机结合时，最先要考虑的就是双方进行相互的监督，只有二者进行相互制约、相互监督，企业才能够取得更高的经济效益与社会效益。此外，在对建筑工程造价方面的问题进行处理的过程中，工作人员需要充分的掌握整体建筑工程项目的各个方面，尤其是在施工时容易产生问题的方面，要重点关注。另一方面，在施工管理过程中，相关部门需要对建筑造价里的全部内容进行有效的运用，而且在施工管理过程中要对建筑造价进行仔细检查，避免其出现不合理的方面。如果发现其出现不合理的方面，就要立刻报告给相关的工作人员，在进行仔细的分析与讨论后总结出有效的解决办法，从而达到建筑造价与施工管理的相互监督、共同进步。

（二）对施工管理与建筑造价结合关系的制度进行完善

建筑企业需要对施工管理与建筑造价结合关系的制度进行不断的改进与完善，相关部门需要对内部的管理进行加强，严格控制好施工的各种费用。专业管理人员要不断检查这种制度的运行效果，将相关管理人员在施工管理与建筑造价结合关系中的作用真正的发挥出来。在施工管理与建筑造价管理时，如果产生问题，就要对有关人员的责任进行追究，使相关制度的实施得到充分的保障，还要明确各个部门工作人员的职责，对建筑项目的资产进行定期的检查，使施工管理与建筑造价结合关系制度化。

（三）全面提升双方的综合素养

在现阶段的建筑工程造价以及施工管理工作当中，出现了工作人员的综合素养不高的现象，而且一些工作人员的专业能力也并不强，这对建筑造价与施工管理的有机结合产生了很大影响。因此建筑工程项目需要加强对双方综合素养提升的重视，来使建筑市场的各种需求得到有效的满足。相关的工作人员可以利用现代先进的科学技术来提高自己的专业知识能力，树立更科学的工作理念，此外，还可以积极学习向行业内的优秀前辈的工作经验与方法，提高自己的责任意识。另外，由于建筑行业在不断向信息化发展，相关的工作人员还需要加强对提高计算机方面能力的重视，来使建筑造价与施工管理的效率得到有效提高，进而推动建筑工程的持续发展。

（四）采用目标管理的方式

建筑企业在施工时要严格以建筑造价成本为依据，来严格监督施工项目，采取目标管理的方法，来合理地控制建筑工程的造价成本。工作人员在进行成本管理时要采取合理的措施，在使施工质量得到保障的基础上，来最大程度的使工程成本得到节约。总体来说，

建筑企业最终就是要创造社会效益，在使建筑企业可持续发展得到保障的基础上，来最大限度的提升企业的经济效益。建筑工程的相关工作人员要对成本节约的目标进行明确，在施工时，严格根据工程预期成本造价来展开，进而有效的控制建筑工程的造价。

总体来说，建筑企业通过对施工管理以及建筑造价进行不断的改进与完善，不仅可以使施工效率得到有效提高，还能够使建筑的质量得到有效保障，根据企业的具体情况来加强对工程造价的重视，并对工程造价控制中出现的问题进行合理解决，进而提升企业的利润。

第七章　现代建筑工程项目安全管理创新

第一节　安全管理概述

一、安全管理的概念

（一）安全

《职业健康安全管理体系审核规范》（GB/T28001）对安全的定义是：免除了不可接受的损害风险的状态。

按系统安全工程观点，安全是指生产系统中人员免遭不可承受危险的伤害。

（二）安全生产

安全生产是指使生产过程在符合物质条件和工作秩序下进行，防止发生人身伤亡和财产损失等生产事故，消除或控制危险有害因素，保障人身安全与健康，设备和设施免受损坏，环境免遭破坏的总称。

（三）安全生产管理

安全生产管理（简称：安全管理）是指针对人们生产过程的安全问题，运用有效资源，发挥人们的智慧，通过人们的努力，进行有关策划、计划、组织、指挥、控制和协调等活动，实现生产过程中人与机械设备、物料、环境的和谐，达到安全生产的目标。

从管理的范围和层次上看，安全管理包括宏观安全管理和微观安全管理两部分。宏观安全管理是指国家从思想指导、机构建设、手段（包括法律、经济、文化、科学等）等方面所采取的措施和为保护员工安全与健康所进行的活动。微观安全管理是指安全生产主体（企业及其相关部门），根据国家安全法律法规所采取的旨在保障员工在生产过程中的安全和健康的行为。

（四）安全生产管理方针

安全生产管理的方针是：安全第一，预防为主。安全第一是基础，预防为主是核心，是实施安全生产的根本。

《建筑法》《安全生产法》明确规定：安全生产管理必须坚持"安全第一、预防为主"的方针，建立健全安全生产的责任制度和群防群治制度。"十一五"规划又明确提出：安全生产管理工作应当坚持"安全第一、预防为主、综合治理"的方针，这是国家关于安全生产管理方针的最新提法。

（五）安全生产管理基本原则

（1）管生产必须管安全的原则

生产与安全是一个有机整体，两者不能分割更不能对立起来，应将安全寓于生产之中。安全与生产存在着密切的联系，存在着进行共同管理的基础。管生产同时管安全，不仅是对各级领导人员明确了安全管理责任，同时，对一切与生产有关的机构、人员，明确了业务范围内的安全管理责任。

（2）安全具有否决权的原则

安全生产是衡量一切工作的基本的、首要的内容，在对其他各项指标考核、评价时，首先必须考虑安全指标的完成情况。安全指标没有完成，即使其他指标都完成了，整体工作仍然无法实现最优化，安全应该具有一票否决的作用。

（3）"三全"管理原则

安全管理涉及每一个工作岗位、每一个环节、每一个工序，涉及全部生产过程、生产时间，涉及一切变化着的生产因素，因此，生产活动中必须坚持"三全"（全员、全过程、全方位）管理。

（4）事故处理"四不放过"原则

国家法律、法规明确要求，在处理事故时必须坚持和实施"四不放过"原则，即：事故原因未查清不放过、事故责任者和职工群众没受到教育不放过、安全隐患没有整改措施不放过、事故责任者不处理不放过。

（5）职业安全卫生"三同时"原则

一切生产性的基本建设和技术改造工程项目，必须符合国家的职业安全卫生方面的法规和标准。职业安全卫生技术措施及设施应与主体工程同时设计、同时施工、同时投产使用（通常称为：三同时），以确保工程项目投产后符合职业安全卫生要求。

二、项目安全管理

（一）项目安全管理的概念

建设工程施工项目安全管理（简称：项目安全管理）是指确定建设工程安全生产方针及实施安全生产方针的全部职能及工作内容，并对其工作效果进行评价和改进的一系列工作。它包含了建设工程在施工过程中组织安全生产的全部管理活动，即通过对生产要素过程控制，使生产要素的不安全行为和不安全状态得以减少或控制，达到消除和控制事故、实现安全管理的目标。

项目安全管理是安全管理原理和方法在建设工程领域的具体应用，一般是指建设项目的参与主体（包括：建设单位、施工单位以及业主委托的监理机构、中介组织等）以安全管理法律法规、标准为指南，运用现代管理理论与方法，通过人、物（机）、环境等系统的协调管理和全过程动态控制，防范和遏制重大安全事故，防止和减少违章指挥、违规作业、违反劳动纪律的行为，使工程建设过程中的各种事故风险和伤害因素处于有效控制的安全状态，切实保护参与建设人员的生命安全和身体健康。

（二）项目安全管理的特点

（1）分散性。建筑施工企业一般同时有多个施工项目，且空间上分散分布，项目具有临时性，企业安全管理措施的落实难道较大。

（2）复杂性。建筑工程存在分包和专业承包，存在大量的工程和劳务分包，协调难度大。总承包企业与分包、专业承包企业之间的责任划分、现场管理，都直接对安全管理构成决定性的影响。

（3）环境危险性。建筑施工立体交叉、高处作业多，各工种之间有很多需要衔接的地方，对安全管理工作提出了很高的要求，稍有不慎，就会造成人员伤亡事故。

（4）任务艰巨性。建筑业是典型的劳动密集型行业，大多数工序是手工作业，劳动强度大、体力消耗多；作业环境、条件差，多露天作业，受不良气候的影响大；施工过程中临时措施多，稍有疏忽就会造成安全事故。

（5）基础薄弱性。我国目前建筑业的一线人员，农民工比例很高，文化程度相对较低，普遍安全素质不高，加上工作流动性大、缺乏有效的培训，是安全事故高发的主要原因之一。

（三）项目安全管理涉及的主要制度

从建设项目全寿命期的角度，项目部应建立健全项目全寿命期的安全管理制度体系，如图 7-1 所示。

图 7-1　建设项目全寿命期安全管理制度体系

我国现行的有关工程项目安全生产的法律法规主要有：《中华人民共和国建筑法》《中华人民共和国安全生产法》《建设工程安全生产管理条例》《建设安全生产监督管理条例》《建设工程施工现场管理规定》《建筑施工企业安全生产许可证管理规定》《建筑业安全卫生公约》等。

有关工程项目安全生产的技术法规性文件主要有：《建筑施工安全检查标准》《建筑施工高处作业安全技术规范》《建筑机械使用安全技术规程》《施工现场临时用电安全技术规范》等。

（四）安全管理组织体系

1. 企业安全生产管理机构

建筑施工企业安全生产管理机构是指建筑施工企业设置的负责安全生产管理工作的独立的职能部门。建筑施工企业必须设立专门的安全生产管理部门，配备专职安全生产管理人员。

建筑施工企业安全生产管理机构的职责：宣传和贯彻国家有关安全生产法律法规和标准、编制并适时更新安全生产管理制度并监督实施、组织或参与企业生产安全事故应急救援预案的编制及演练、组织开展安全教育培训与交流、协调配备项目专职安全生产管理人员、制定企业安全生产检查计划并组织实施、监督在建项目安全生产费用的使用、参与危险性较大的分部分项工程安全专项施工方案专家论证会、通报在建项目违规违章查处情况、组织开展安全生产评优评先表彰工作、建立企业在建项目安全生产管理档案、考核评价分包企业安全生产业绩及项目安全生产管理情况、参加生产安全事故的调查和处理工作等。

建筑施工企业专职安全生产管理人员是指经建设主管部门或者其他有关部门安全生产考核合格取得安全生产考核合格证书，并在建筑施工企业及其项目从事安全生产管理工作的专职人员。建筑施工企业安全生产管理机构专职安全生产管理人员的配备应当满足下列要求，并应根据企业经营规模、设备管理和生产需要予以增加。

（1）建筑施工总承包资质序列企业：特级资质企业不少于6人；一级资质企业不少于4人；二级和二级以下资质企业不少于3人。

（2）建筑施工专业承包资质序列企业：一级资质企业不少于3人；二级和二级以下资质企业不少于2人。

（3）建筑施工劳务分包资质序列企业：不少于2人。

（4）建筑施工企业的分公司、区域公司等较大的分支机构应依据实际生产情况配备不少于2人的专职安全生产管理人员。

2. 项目部安全生产管理机构

项目部是建筑企业具体实施某项工程项目施工的派出机构，对项目的施工、安全全面负责。项目经理是项目安全施工的第一责任人，应按照项目的规模，组建项目安全生产管理机构、选配好一定数量的专职安全员、建立项目部领导安全施工值班制度。

（1）总承包单位配备项目专职安全生产管理人员应当满足下列要求：

①建筑工程、装修工程按照建筑面积配备：1 万 m^2 以下的工程不少于1人；1～5万 m^2 的工程不少于2人；5万 m^2 以上的工程不少于3人，并按专业配备专职安全生产管理人员。

②土木工程、线路管道、设备安装工程按照工程合同价配备：5000万元以下的工程不少于1人；5000万～1亿元的工程不少于2人；1亿元以上的工程不少于3人，并按专业配备专职安全生产管理人员。

（2）分包单位配备项目专职安全生产管理人员应当满足下列要求：

①专业承包单位应当配备至少1人，并根据所承担的分部分项工程的工程量和施工危险程度增加。

②劳务分包单位施工人员在50人以下的，应当配备1名专职安全生产管理人员；50～200人的，应当配备2名专职安全生产管理人员；200人以上的，应当配备3名及以上专职安全生产管理人员，并根据所承担的分部分项工程施工危险实际情况增加，不得少于工程施工人员总人数的0.5%。

3. 班组安全生产管理机构。

施工班组是建筑施工企业的最小组成细胞，是落实施工安全管理的核心关键。施工班组的安全建设是施工企业安全施工管理的基础，施工作业班组应设置兼职安全巡查员，对本班组的作业场所进行安全监督检查。

（五）项目安全管理目标

项目安全管理目标，应结合企业整体安全目标和方针，考虑危险源识别、评价和控制策划的初步结果，从适用法律、法规及标准规范的要求出发，拟定多个可供选择的技术方案，征询相关业务部门的意见，最终制定合适的项目安全管理目标。

项目安全管理目标一般涵盖以下内容：杜绝重大伤亡、重大坍塌、火灾和重大环境污染事故；控制一般事故发生率，创建文明工地，遵守和满足法律、法规、规范要求和社会需求。

项目安全管理目标应具体并量化，针对项目部的各个层次对目标进行分解，目标要到达可量化的标准；要有技术措施及具体的技术方案，相关的责任部门及责任人要明确；明确完成的时限，确保目标落到实处。

（六）安全技术措施计划

《建筑法》第三十八条规定：建筑施工企业在编制施工组织设计时，应当根据建筑工程的特点制定相应的安全技术措施。《建设工程安全生产管理条例》（国务院令第393号）规定：施工单位应当在施工组织设计中编制安全技术措施和施工现场临时用电方案。建设工程项目管理规范（GB/T50326—2006）规定：组织应根据风险预防要求和项目的特点，制订职业健康安全生产技术措施计划。

编制安全技术措施计划的步骤主要包括：工作分类、识别危险源、确定风险、评价风险、制定风险对策、评审风险对策等环节。

项目安全技术措施计划由项目经理主持编制，经有关部门批准后，由项目专职安全管理人员进行现场监督实施。项目安全技术措施计划的内容主要包括：工程概况、控制目标、控制程序、组织结构、职责权限、规章制度、资源配置、安全措施、检查评价和奖惩制度、对分包的安全管理等。

三、隐患治理

（一）危险源控制

重大危险源（简称：危险源）是指长期地或者临时地生产、搬运、使用或者储存危险物品，且危险物品的数量等于或者超过临界量的单元（包括：场所和设施）。危险物品是指易燃易爆物品、危险化学品、放射性物品等能够危及人身安全和财产安全的物品。

危险源是导致事故的根源。为实现安全目标、持续改进安全业绩、实现事故预防，必须控制和减少施工现场的危险源。危险源控制包括：危险源的识别、评价、编制安全控制措施计划、实施安全控制措施计划和检查等。

（1）危险源的识别

研究和思考在各种施工作业活动中，什么情况下、什么人会受到伤害或影响，这个过程就是危险源的识别。项目部应对施工作业活动进行分类，编制施工现场活动表，内容包括：施工作业的场所、设备、设施、人员、作业工序、管理活动等。按表分析哪些地方容易出现危险，再进行分类统计，从而识别出较为翔实的危险源。

（2）安全风险评价

在设想的方案和现有的控制措施下，对与各种可能存在的危险源有关的安全风险做出评价。评价时应主要考虑控制措施的有效性以及控制失败所造成的后果，判断是否有足够的把握将危险源控制在可控范围内，据此来判定危险源风险程度的大小，从而确定重大危险源。

（3）编制安全控制措施计划

通过对安全风险与重大环境因素的判断，项目部应针对重大危险源和重大环境因素，制订安全生产保证计划、控制措施计划、专项施工方案等，以防止重大危险源和重大环境因素失控造成事故，减少发生事故造成的灾害和次生灾害。

（4）实施安全控制措施计划

安全控制措施计划制订后，要及时进行评审，判断计划是否能够防止事故的发生。对已经评审的安全控制措施计划，要具体落实到施工生产过程中。

（5）检查

在项目施工安全管理实施过程中，要对安全控制措施计划不断检查与评审，发现问题或者遗漏及时修正和补充。当项目施工过程中内、外部条件发生变化时，要及时判断、提出新的安全控制措施及处理方案。

（二）应急救援预案

施工单位应当制定本单位生产安全事故应急救援预案（简称：应急救援预案），建立应急救援组织或者配备应急救援人员，配备必要的应急救援器材、设备，并定期组织演练。施工单位应当根据建设工程施工的特点、范围，对施工现场易发生重大事故的部位、环节进行监控，制定施工现场生产安全事故应急救援预案。由总承包单位统一组织编制生产安全事故应急救援预案，总承包单位和分包单位按照应急救援预案，各自建立应急救援组织或者配备应急救援人员，配备救援器材、设备，并定期组织演练。

应急救援预案是为应对突发事故而预先设立的，内容包括：应急救援的组织、程序、措施、责任、协调和应急救援指挥流程图等。

（1）基本内容：应急救援的目的；应急救援适用的范围；应急救援引用的有关文件；应急救援准备。

（2）应急救援组织与联络：负责人姓名、职务、办公场所地址以及各种联系电话。

（3）应急救援指挥流程图：主要包括火灾事故、中毒事故、机械伤害、坍塌事故、物体打击、高空坠落事故等紧急处理流程。

（4）急救工具、用具及位置。

（5）应急救援报警机制：包括上报报警机制和内部报警机制、外部报警机制，形成下上通达、内外结合的应急救援报警网络。

（三）安全生产事故隐患排查治理

安全生产事故隐患（简称：事故隐患），是指生产经营单位违反安全生产法律、法规、规章、标准、规程和安全生产管理制度的规定，或者因其他因素在生产经营活动中存在可能导致事故发生的物的危险状态、人的不安全行为和管理上的缺陷。

事故隐患分为一般事故隐患和重大事故隐患。一般事故隐患，是指危害和整改难度小，发现后能够立即整改排除的隐患。重大事故隐患，是指危害和整改难度较大，应当全部或者局部停产停业，并经过一定时间整改治理方能排除的隐患，或者因外部因素影响致使生产经营单位自身难以排除的隐患。

施工单位应当建立健全事故隐患排除治理制度，逐级建立并落实从主要负责人到每个从业人员的隐患排查治理和监控责任制，单位主要负责人对本单位事故隐患排查治理工作全面负责。施工单位应当定期组织安全生产管理人员、工程技术人员和其他有关人员排查本单位的事故隐患。对排查出的事故隐患，应当建立事故隐患信息档案，并按照职责分工实施监控治理。

一般事故隐患，由项目负责人或者有关人员立即组织整改。重大事故隐患，由企业负责人组织制定并实施事故隐患治理方案。重大事故隐患治理方案应当包括以下内容：治理的目标和任务、采取的方法和措施、经费和物资的落实、负责治理的机构和人员、治理的时限和要求、安全措施和应急预案。

在事故隐患治理过程中，应当采取相应的安全防范措施，防止事故发生。事故隐患排除前或者排除过程中无法保证安全的，应当从危险区域内撤出作业人员，并疏散可能危及的其他人员，设置警戒标志，暂时停产停业或者停止使用；对暂时难以停产或者停止使用的相关生产储存装置、设施、设备，应当加强维护和保养，防止事故发生。

四、生产安全事故的处理

（一）生产安全事故的等级划分

根据生产安全事故（以下简称：事故）造成的人员伤亡或者直接经济损失，事故一般分为以下等级（所称的"以上"包括本数，"以下"不包括本数）：

（1）特别重大事故：是指造成 30 人以上死亡，或者 100 人以上重伤（包括急性工业中毒，下同），或者 1 亿元以上直接经济损失的事故。

（2）重大事故：是指造成 10 人以上 30 人以下死亡，或者 50 人以上 100 人以下重伤，或者 5000 万元以上 1 亿元以下直接经济损失的事故。

（3）较大事故：是指造成 3 人以上 10 人以下死亡，或者 10 人以上 50 人以下重伤，或者 1000 万元以上 5000 万元以下直接经济损失的事故。

（4）一般事故：是指造成 3 人以下死亡，或者 10 人以下重伤，或者 1000 万元以下直接经济损失的事故。

（二）生产安全事故的报告

施工单位发生生产安全事故，应当按照国家有关伤亡事故报告和调查处理的规定，及时、如实地向负责安全生产监督管理的部门、建设行政主管部门或者其他有关部门报告；特种设备发生事故的，还应当同时向特种设备安全监督管理部门报告。接到报告的部门应当按照国家有关规定，如实上报。

事故报告应当及时、准确、完整，任何单位和个人对事故不得迟报、漏报、谎报和瞒报。

发生生产安全事故后，施工单位应当采取措施防止事故扩大，保护事故现场。需要移动现场物品时，应当做出标记和书面记录，妥善保管有关物证。

（三）生产安全事故的调查处理

事故调查处理应当坚持实事求是、尊重科学的原则，及时、准确地查清事故经过、事故原因和事故损失，查明事故性质，认定事故责任，总结事故教训，提出整改措施，并对事故责任者依法追究责任。

建设工程生产安全事故的调查、对事故责任单位和责任人的处罚与处理，按照有关法律、法规的规定执行。事故发生单位及其有关人员对事故负有责任的，处以罚款；属于国家工作人员的，并依法给予处分；构成违反治安管理行为的，由公安机关依法给予治安管理处罚；构成犯罪的，依法追究刑事责任。

第二节　项目安全管理的控制

一、控制的依据

项目安全管理控制的依据主要有：国家的法律法规、有关建设工程安全生产的专门技术法规性文件、建设工程合同、设计文件及图纸会审意见等。相关主要规定有。

（一）施工准备阶段

《建筑法》规定：施工企业在编制施工组织设计时，应制定安全技术措施，对专业性较强的工程项目，应当编制专项安全施工组织设计；建设单位在申请领取施工许可证时，应有保证工程质量和安全的具体措施。

《建设工程安全生产管理条例》规定：建设单位应当向施工单位提供施工现场及毗邻区域相关资料，并保证资料的真实、准确、完整；建设单位在申请领取施工许可证时，应当提供建设工程有关安全施工措施的资料；工程监理单位应当审查施工组织设计中的安全技术措施或者专项施工方案是否符合工程建设强制性标准；为建设工程提供机械设备和配件的单位，应当按照安全施工的要求配备齐全有效的保险、限位等安全设施和装置；出租的机械设备和施工机具及配件，应当具有生产（制造）许可证、产品合格证，在签订租赁协议时，应当出具检测合格证明；检验检测机构对检测合格的施工起重机械和整体提升脚手架、模板等自升式架设设施，应当出具安全合格证明文件，并对检测结果负责。

（二）施工阶段

《建筑法》规定：建筑施工企业的法定代表人对本企业的安全生产负责；施工现场安全由建筑施工企业负责；实行施工总承包的，由总承包单位负责。

《建设工程安全生产管理条例》进一步规定了项目负责人、施工单位负责项目管理的技术人员、专职安全生产管理人员、特种作业人员、作业人员等的安全责任。

《建设工程安全生产管理条例》还规定，工程监理单位在实施监理过程中，发现存在安全事故隐患的，应当要求施工单位整改；情况严重的，应当要求施工单位暂时停止施工，并及时报告建设单位。《安全生产法》和《建设工程安全生产管理条例》规定了政府部门的监督管理职责和权限，项目实施过程中必须自觉接受政府安全管理部门的监督管理。

（三）竣工验收阶段

建筑工程项目竣工后，施工单位要整理相关资料，做好建设工程项目竣工施工安全评价，向建筑工程安全监督机构提交安全管理资料，包括：台账、报表、原始记录等。安全管理资料要按有关规定建立，收集、整理包括分包单位在内的安全管理资料，进行标识、编目和立卷，并装订成册，专人负责贮存和保管，贮存的环境应利于保存和检索。

二、过程控制

（一）施工实施前的控制

1. 审核审批安全生产保证计划

安全生产保证计划是施工安全管理策划的重要结果，也是施工组织设计的重要组成部分。对施工组织设计进行审查时，要同时对安全生产保证计划进行审查。大型的、专业性强、危险性大的工程安全技术方案，项目部应组织专家对方案进行论证审查，审核和审批人应有明确意见并签名盖章。

安全生产保证计划应符合国家技术规范要求，能充分考虑施工合同的要求和施工现场条件的要求。审核审查时，必须对计划的针对性、可操作性、先进性进行专门的论证，达不到要求，要进行调整。安全管理体系、安全保证措施、环保要求、消防规定、文明施工等内容，要符合相关的要求并切实可行。

2. 审查施工现场的安全控制措施

（1）熟悉工程合同。项目管理人员和技术人员应熟悉合同，熟悉合同的具体约定和专用条款，对合同进行有效的管理，有效地实施项目安全生产保证计划。

（2）做好设计交底和图纸会审。在工程实施前，施工单位应认真参加设计交底，全面了解设计原则、质量及安全要求。施工单位要认真审核图纸，发现问题及时以书面形式上报监理方或业主方。通过图纸会审，进一步深化对图纸的了解。

（3）施工现场环境的调查与控制。工程项目施工周期一般都比较长，施工期间自然环境因素的改变，对施工安全会构成各种不利影响。在工程项目施工前，项目部必须深入了解施工现场周围的自然条件状况，并有针对性地采取有效的措施和对策以保证工程施工安全。

（4）施工现场危险源的控制。施工前，要对施工现场常见的危险源进行识别、评价、控制，并建立相应的管理档案；对重大危险源可能出现的范围、性质和时间，编制对应的控制措施，纳入安全管理制度、员工安全教育培训、安全技术措施中。当工程项目内容有重大调整时，对重大危险源的识别、评价和控制要及时调整更新。

（5）审查施工平面布置图。施工平面图必须考虑周全，全面衡量安全、防火、防爆、防污染等因素，合理利用场地，安排好正常的通道，预留应急救援预案所需的应急通道。

（6）审查计划进场的施工机械和设备。施工机械和设备的选择，要考虑技术的可靠性与先进性、工作效率、安全与质量，还要考虑选择的型号是否符合现场实际需求。

（7）调查其他不利因素。在施工前，除了要了解现场的自然环境条件外，还要了解周围的地下管线、拟施工建筑与周围建筑之间的相互影响等其他不利因素，并做好相应的防护措施。

（8）对拟进场安全设施设备的检查。安全设施设备必须择优选择信誉良好的供货单位，采购质量过硬的安全设施设备。在安全设施设备进场后，应及时按要求验收，查看质量合格证、表面质量，检查规格，按规定抽样送检，验收合格后方可使用。

3. 审查施工安全管理制度

施工安全管理制度包括：安全生产责任制、安全教育培训、安全检查、生产安全事故报告制度、安全措施技术管理制度、设备安全管理制度、安全设施和防护管理制度、特种设备管理制度、消防安全责任制度等。要建立健全安全生产管理机构和配齐安全生产管理人员，施工单位主要负责人、项目负责人和专职安全生产管理人员必须考核合格后才能上岗，特种作业人员必须持证上岗。

4. 审查分包单位的安全控制

分包单位的安全控制往往是项目安全管理的薄弱环节。分包单位的组织、管理、运作与总承包单位有较大的差异，管理容易失控。必须认真检查分包单位的资质和安全生产许可证、分包单位的人员资格，检查分包合同对安全管理、职责权限和工作程序是否有具体规定等。

（二）安全基础管理

（1）安全教育培训

施工单位的主要负责人、项目负责人、专职安全生产管理人员应当经建设行政主管部门或者其他有关部门考核合格后方可任职。施工单位应当对管理人员和作业人员每年至少进行一次安全生产教育培训，其教育培训情况记入个人工作档案。安全生产教育培训不合格的人员，不得上岗。

作业人员进入新的岗位或者新的施工现场前，应当接受安全生产教育培训。未经教育培训或者教育培训不合格的人员，不得上岗作业。施工单位在采用新技术、新工艺、新设备、新材料时，应当对作业人员进行相应的安全生产教育培训。

（2）安全技术交底

工程开工前，项目部的技术负责人必须向有关人员进行安全技术交底；结构复杂的分部分项工程施工前，项目部的技术负责人应进行安全技术交底。安全技术交底应包括：项目的施工特点和危险点、针对性预防措施、应注意的安全事项、相应的操作规程和作业标准以及发生事故采取的避难和应急救援措施等内容。项目部应保存安全技术交底记录。

（三）安全检查

现场安全检查主要是工程施工中的跟踪监督、检查与控制，确保施工过程中，人员、机械、设备、材料、施工工艺、操作规程及施工环境条件等均处于良好的可控状态。安全检查的目的是验证安全保证计划的实施效果，是对安全管理绩效的检查。

（1）安全检查的形式：项目部管理层的自我检查和公司管理层对项目部管理层的检查、抽查。

（2）安全检查的类型：包括日常安全检查、定期安全检查、不定期安全检查、专业性安全检查、季节性和节假日前后安全检查。

（3）检查的时间要求：日常检查由各级管理人员在检查生产的同时检查安全；定期安全检查，项目部每周一次，分公司每月一次，公司每季度一次。

（4）检查的内容：包括安全意识、安全制度、安全设施、安全教育培训、机械设备、操作行为、劳保用品使用等等。

三、安全验收

（一）安全技术措施实施情况的验收

在工程施工前验收，包括工程项目的安全技术方案、交叉作业安全技术方案、分部分项工程安全技术措施等。项目专职安全生产管理人员必须参与验收，对于验收中存在的问题要及时整改，具体由项目专职安全生产管理人员跟踪落实。验收不合格的安全技术措施，应重新组织验收。

（二）设施与设备的验收

一般的设施设备验收，由项目部组织验收。大型或重点的工程设备的验收，一般由政府相关监管部门负责验收，验收合格并取得相关的许可证后方可投入使用。

（三）安全隐患的整改

在验收中发现的安全隐患，由安全检查负责人签发整改通知书，整改完毕后再验收。对验收中发现有可能导致重大安全事故的，必须立即停工，整改合格后方可复工。

第三节　现代建筑工程项目安全的创新管理

现代建筑项目工程施工面广、体量大、专业分包与劳务分包及施工作业人员多、资源投入与配置要求高，给施工现场的安全管理带来了巨大的难度与挑战，项目部要认真贯彻

"安全第一、预防为主、综合治理"的方针，秉承"中国建筑，和谐环境为本；生命至上，安全运营第一"的安全理念，坚持"管生产必须管安全"的原则，落实"一岗双责"，全员安全管理和总分包联动，全面做到事事有策划、有资源保障、有检查、有验收和有应急预案，确保现代建筑项目施工生产的安全平稳运行，保持社会的稳定。

一、现代建筑工程项目安全管理体系

（一）安全管理体系的作用

现代建筑项目的安全管理体系是对施工企业环境的安全状态规定了具体的要求和限定，通过科学管理使现场环境和工作环境符合安全标准的要求。安全管理体系的运行主要依赖于逐步提高和持续改进，其根本上是一个动态的、自我调整和完善的管理系统，同时，也是安全管理体系的基本思想。安全管理体系是项目管理体系中的一个子系统，其循环也是整个管理系统循环的一个子系统。施工现场安全状况是经济发展和社会文明程度的客观反映，使所有劳动者获得安全保证，是社会公正、安全、文明、健康发展的基本标志，也是保持社会经济可持续发展的重要条件。

（二）安全管理的目标

现代建筑工程项目实施施工总承包的，由总承包单位负责制定施工项目的安全管理目标并确保实现，主要体现在：（1）项目经理为现代建筑工程施工项目的安全生产第一责任人，对安全生产应负全面的领导责任，实现重大伤亡事故为零的目标；（2）有适合于工程项目规模、特点的应用安全技术；（3）应符合国家安全生产法律、行政法规和建筑行业安全规章、规程及对业主和社会要求的承诺；（4）形成全体员工所理解的文件并实施保持。

（三）安全管理组织及管理职责

施工项目对从事与安全有关的管理、操作和检查人员，特别是需要独立行使管理权力开展工作的人员规定其职责、权限和相互关系，并形成相关管理文件，包括：编制安全计划和决定资源配备；安全生产管理体系实施的监督、检查和评价；纠正和预防措施的验证等。同时，项目经理部应确定并提供充分的资源，以确保安全生产管理体系的有效运行和安全管理目标的实现，其所对应的资源包括：配备与施工安全相适应并经培训考核持证的管理人员、操作人员和检查员；施工安全技术及防护设施；用电和消防设施；施工机械安全装置；必要的安全检测工具和安全技术措施的经费。

二、现代建筑工程项目安全生产保证体系

建立健全安全管理制度、安全管理机构和安全生产责任制是安全管理的重要内容，更是实现安全生产目标管理的组织保证和支撑。

（一）安全生产组织保证体系

根据工程施工特点和规模设置现代建筑工程项目安全生产委员会或安全生产领导小组，具体要求为：（1）建筑面积在 5 万 m²（含 5 万 m²）以上或造价在 3000 万元人民币（含 3000 万元）以上的现代建筑工程项目，应设置安全生产委员会；（2）建筑面积在 5 万 m² 以下或造价在 3000 万元人民币以下的工程项目应设置安全领导小组；（3）安全生产委员会由工程项目经理、主管生产和技术的副经理、安全部负责人、分包单位负责人以及人事、财务、机械、工会等有关部门负责人组成，人员以 5 ~ 7 人为宜；（4）安全生产领导小组由工程项目经理、主管生产和技术的副经理、专职安全管理人员、分包单位负责人以及人事、财务、机械、工会等负责人组成，人员 3 ~ 5 人为宜，同时，安全生产委员会或安全生产领导小组组长由工程部经理担任。

安全生产领导小组职责包括：（1）安全生产领导小组是工程项目安全生产的最高权力机构，负责对工程项目安全生产的重大事项及时做出决策；（2）认真贯彻执行国家有关安全生产和劳动保护的方针、政策、法令；（3）负责制定工程项目安全生产规划和各项管理制度，及时解决实施过程中的难点和问题，每月对工程项目进行至少一次全面的安全生产大检查，并召开会议，分析安全生产形势，制定预防因工伤亡事故发生的措施和对策，协助上级有关部门进行因工伤亡事故的调查、分析和处理；（4）大型现代建筑工程项目可在安全生产委员会下按片区设置安全生产领导小组；（5）设置安全生产专职管理机构，并配备一定素质和数量的专职安全员。安全部门是现代建筑工程项目安全生产专职管理机构，其职责包括：协助工程项目经理开展各项安全生产业务工作；定时准确地向工程项目经理和安全生产委员会或领导小组汇报安全生产情况；组织和指导所属安全部门和分包单位的专职安全生产管理机构，开展各项有效的安全生产管理工作；行使安全生产监督检查职权；（6）设置安全生产总监职位，其具体的职责包括：协助现代建筑工程项目经理开展安全生产工作，为项目经理进行安全生产决策提供依据；每月向项目安全生产小组汇报本月现代建筑工程项目安全生产状况；定期向公司安全生产管理部门汇报安全生产情况；对现代建筑工程项目安全生产工作开展情况进行监督；有权要求有关部门和分部分项工程负责人报告各自业务范围内的安全生产情况；有权建议处理不重视安全生产工作的部门负责人、工长、班组长及其他有关人员；组织并参加各类安全生产检查活动；监督现代建筑工程项目经理的安全生产行为；对安全生产领导小组做出的各项决议的实施情况进行监督和行使工程项目经理的相关职权。

现代建筑工程项目安全管理人员的配置要求：（1）建筑面积为 1 万 m² 及以下的现代建筑施工项目设置 1 名专职安全管理人员；（2）建筑面积为 1 万 m² 以上 3 万 m² 以下的现代建筑施工项目设置 2 名专职安全管理人员；（3）建筑面积为 3 万 m² 以上及 5 万 m² 以下的现代建筑施工项目设置 3 名专职安全管理人员；（4）施工项目在 5 万 m² 以上按专业设置安全员并成立安全组。

现代建筑工程的分包队伍按规定建立安全组织保证体系，其管理机构以及人员纳入工程项目安全生产保证体系，接受工程项目安全部门的业务领导，参加工程项目统一组织的各项安全生产活动，并按周向项目安全部传递有关安全生产的信息。在安全管理组织建设方面，分包单位自身管理体系的建立：分包单位100人以下设兼职安全员；100～300人必须有专职安全员1名；300～500人必须有专职安全员，纳入总包安全部统一进行业务指导和管理。班组长、分包专业队长是兼职安全员，负责本班组工人的安全，负责消除作业区的安全隐患，对施工现场实行目标管理。

（二）安全生产的责任保证体系

现代建筑工程项目是安全生产工作的载体，具体组织和实施项目安全生产工作的是施工企业安全生产的基层组织。现代建筑工程项目安全生产责任保证体系分为三个层次，即项目经理作为本现代建筑工程项目安全生产的第一负责人，由其组织和聘用工程项口的安全负责人、技术负责人、生产调度负责人、机械管理负责人、劳动管理负责人及其他相关部门负责人组成安全决策机构；分包队伍负责人作为本队伍安全生产第一责任人，组织本队伍执行总包单位安全管理规定和各项安全决策，组织专业分包工程的安全生产；作业班组负责人作为本班组或作业区域安全生产第一责任人，贯彻执行上级指令，保证本区域、本岗位安全生产。

现代建筑工程的施工项目应履行下列安全生产责任：（1）贯彻落实各项安全生产的法律、法规、规章、制度，组织实施各项安全管理工作，完成上级下达的各项考核指标；（2）建立并完善项目经理部安全生产责任制和各项安全管理规章制度，组织开展安全教育、安全检查，积极开展日常安全活动，监督、控制分包队伍执行安全规定，履行安全职责；（3）建立安全生产组织机构，设置安全专职人员，保证安全技术措施经费的落实和投入；（4）制定并落实现代建筑项目施工安全技术方案和安全防护技术措施，为工作人员提供安全的生产作业环境；（5）发生伤亡事故及时上报并保护好事故现场，积极抢救伤员，认真配合事故调查组开展伤亡事故的调查和分析，按照"四不放过"原则，落实整改防范措施，对责任人员进行处理。

（三）安全生产制度保障体系

现代建筑工程的项目应建立十项安全生产管理制度，具体包括：（1）安全生产责任制度；（2）安全生产检查制度；（3）安全生产验收制度；（4）安全生产教育培训制度；（5）消防保卫管理制度；（6）重要劳动防护用品定点使用管理制度；（7）工人因工伤亡事故报告、统计制度；（8）安全生产值班制度；（9）安全生产奖罚制度；（10）安全生产技术管理制度。上述基本制度构成保证现代建筑工程顺利进行的制度体系。

（四）安全生产的资源保证体系

现代建筑工程项目的安全生产必须有充足的资源做保障，安全生产资源投入包括：人力资源、物资资源和资金的投入。安全人力资源投入，包括专职安全管理人员的设置和高素质技术人员、操作工人的配置以及安全教育培训投入；安全物资资源投入，包括进入现场材料的把关和料具的现场管理以及机电、起重设备、锅炉、压力容器及自制机械等资源的投入。其中，物资资源系统人员对机电、起重设备、锅炉、压力容器及自制机械的安全运行负责，按照安全技术规范进行经常性检查，并监督各种设备、设施的维修和保养；对大型设备设施、中小型机械操作人员定期进行培训、考核，持证上岗，负责起重设备、提升机具、成套设施的安全验收。

安全生产所需材料应加强供应过程中的质量管理，防止假冒伪劣产品进入施工现场，最大限度地减少工程建设伤亡事故的发生。首先要正确选择进货渠道和材料的质量把关，一般大型施工企业都有相对的定点采购单位，对生产厂家及供货单位要进行资格审查，检查内容包括：营业执照、生产许可证、生产产品允许等级标准，产品监察和产品获奖情况。应有完善的检测手段、手续和实验机构，可提供产品合格证和材质证明，应对其产品质量和生产历史情况进行调查和评估，了解其他用户使用情况与意见，生产厂方的经济实力、担保能力、包装储运能力等。质量把关由材料采购人员做好市场调查和预测工作，通过"比质量、比价格、比运距"的优化原则，验证产品合格证及有关检测实验等资料，批量采购并应签订合同。

安全材料质量的验收管理，在组织送料前由安全人员和材料员先行看货验收，进库时由保管员和安全人员一起组织验收方可入库，必须是验收质量合格，技术资料齐全的才能登记进料台账，发料使用。安全材料、设备的维修保养工作是施工项目资源保证的重要环节，保管人员应经常对所管物资进行检查，了解资源的特性以便及时采取行动对保管物资进行防护，从而保证设备出场的完好。如用电设备中的手动工具、照明设施必须在出库前由电工全面检测并做好记录，只有保证合格设备才能出库，避免工人有时盲目检修而形成的事故隐患。

安全投资包括主动投资和被动投资、预防投资与事后投资、安全措施费用、个人防护品费用、职业病诊治费用等。安全投资的政策应遵循"谁受益谁整改，谁危害谁负担，谁需要谁投资"的原则，安全投资应该达到现代建筑工程项目造价的 0.8% ~ 2.5%。每一个现代建筑工程项目，在资金投入方面都必须认真贯彻执行国家、地方政府的规定和防暑降温经费规定，做到职工个人防护用品费用等措施费用的及时提供，特别是部分工程具有自身特点，如现代建筑工程周边有高压线路或变压器需要采取防护，现代建筑工程临近高层建筑需要采取措施临边进行加固等，而安全投资所产生的效益可从事故损失测算和安全效益评价来估算。

安全事故损失的分类包括：直接损失与间接损失、有形损失与无形损失、经济损失与非经济损失等。安全生产资源保证体系中对安全技术措施费用的管理非常重要，具体要求：（1）规范安全技术措施费用管理，保证安全生产资源基本投入，施工企业应在全面预算中专门立项，编制安全技术措施费用预算计划，纳入经营成本预算管理；（2）安全部门负责编制安全技术措施项目表，作为公司安全生产管理标准执行；（3）项目经理部按工程标的总额编制安全技术措施费用使用计划表，总额由经理部控制，但须按比例分解到劳务分包并监督使用；（4）公司须建立专项费用用于抢险救灾和应急；（5）加强安全技术措施费用管理，既要坚持科学、实用、低耗，又要保证执行合规、规范，确保措施的可靠性；（6）编制的安全技术措施必须满足安全技术规范、标准，费用投入应保证安全技术措施的实现，要对预防和减少伤亡事故起到保证作用；（7）安全技术措施的贯彻落实要由总包负责；（8）用于安全防护的产品性能、质量达标并检测合格；（9）编制安全技术措施费用项目目录表，包括基坑、沟槽防护、结构工程防护、临时用电、装修施工、集料平台及个人防护等子项内容。

三、现代建筑工程项目安全管理的要求

（一）正确处理好各种关系

安全与生产的统一关系，生产是人类社会存在和发展的基础，如生产中的人、物、环境都处于危险状态，则生产无法顺利进行，因此，安全是生产的客观要求，当生产完全停止，安全也就失去意义。就生产目标来说，组织好安全生产就是对国家、人民和社会最大的负责。有了安全保障，生产才能持续、稳定、健康发展，若生产活动中事故不断发生，生产势必陷于混乱、甚至瘫痪，当生产与安全发生矛盾危及员工生命或资产时，停止生产经营活动进行整治、消除危险因素以后，生产经营形势会变得更好。

安全与速度互促关系，生产中违背客观规律，盲目蛮干、乱干，在侥幸中求得的进度，缺乏真实与可靠的安全支撑，往往容易酿成事故，不但无速度可言，反而会延误时间，影响生产，一味强调速度，置安全于不顾的做法是极其有害的，当速度与安全发生矛盾时暂时减缓速度，保证安全才是正确的选择。

安全与效益同在关系，安全技术措施的实施会不断改善劳动条件调动职工的积极性，提高工作效率，带来经济效益，从这个意义上说，安全与效益完全是一致的，安全促进了效益的增长。在实施安全措施中投入要精打细算、统筹安排，既要保证安全生产，还要考虑效益，为了省钱而忽视安全生产或追求资金盲目高投入都是不可取的。

安全与质量同步关系，质量和安全工作交互作用，互为因果。安全第一，质量第一，两个第一并不矛盾，安全第一是从保护生产经营因素的角度提出的，而质量第一则是从关心产品成果的角度而强调的，安全为质量服务，质量需要安全保证。生产过程安全和质量都不能丢掉，否则将陷于失控状态。

安全与危险的关系，安全与危险在同一事物的运动中是相互对立的，也是相互依赖而存在的，因为有危险，所以才进行安全生产过程控制以防止或减少危险。安全与危险并非是等量并存相处，随着事物的运动变化，安全与危险每时每刻都在起变化，彼此进行斗争，事物的发展将向斗争的胜方倾斜，因此在事物的运动中，都不会存在绝对的安全或危险，

保持生产的安全状态必须采取多种措施以预防为主，危险因素是可以控制的，因为危险因素是客观的，存在于事物运动之中的是可知的，也是可控的。

（二）安全管理中必须坚持的事项

坚持目标管理中安全管理的内容是对生产中的人、物、环境因素状态的管理，在于有效地控制人的不安全行为和物的不安全状态，消除或避免事故，达到保护劳动者的安全与健康的目标，没有明确目标的安全管理是一种盲目行为，而盲目的安全管理往往劳民伤财，危险因素依然存在。在一定意义上，盲目的安全管理只能纵容威胁人安全与健康的状态，向更为严重的方向发展或转化。

坚持生产、安全同时管，安全寓于生产之中，并对生产发挥促进与保证作用，因此，安全与生产虽有时会出现矛盾，但从安全、生产管理的目标着眼，安全管理与生产管理表现出高度的一致和统一。安全管理是生产管理的重要组成部分，安全与生产在实施过程中，两者存在着密切的联系，存在着进行共同管理的基础。管生产同时管安全，不仅是对各级领导人员明确安全管理责任，同时，也向一切与生产有关的机构、人员明确了业务范围内的安全管理责任。由此可见，一切与生产有关的机构、人员，都必须参与安全管理，并在管理中承担责任。认为安全管理只是安全部门的事的认识是一种片面的、错误的认识，各级人员安全生产责任制度的建立，管理责任的落实，均体现了管生产同时管安全原则。

坚持预防为主，安全生产的方针是"安全第一，预防为主，综合治理"，安全第一是站在保护生产力的角度和高度，表明在生产范围内，安全与生产的关系，肯定安全在生产活动中的位置和重要性。进行安全管理不是处理事故，而是在生产经营活动中针对生产的特点，对生产要素采取管理措施，有效地控制不安全因素的发生与扩大，把可能发生的事故消灭在萌芽状态，以保证生产经营活动中人的安全与健康。预防为主，首先是端正对生产中不安全因素的认识和消除不安全因素的态度，选准消除不安全因素的时机。在安排与布置生产经营任务时候，针对施工生产中可能出现的危险因素，采取措施予以消除是最佳选择，在生产活动过程中经常检查并及时发现不安全因素，采取措施和明确责任，尽快和坚决地予以消除是安全管理应持有的态度。

坚持过程控制，通过识别和控制特殊关键过程，达到预防和消除事故，防止或消除事故伤害的目的。在现代建筑工程项目安全管理的主要内容中，虽然都是为了达到安全管理的目标，但是对生产过程的控制，与安全管理目标关系更直接，也显得更为突出。因此，对生产中人的不安全行为和物的不安全状态的控制，必须列入过程安全制定管理的节点。事故发生往往由于人的不安全行为运动轨迹与物的不安全状态运动轨迹的交叉所造成的，从事故发生的原因看，也说明了对生产过程的控制应该作为安全管理重点。

坚持全员管理，安全管理不是少数人和安全机构的事，而是一切与生产有关的机构、人员共同的事，缺乏全员的参与，安全管理不会有生气、不会出现好的管理效果。当然，这并非否定安全管理第一责任人和安全监督机构的作用，单位负责人在安全管理中的作用固然重要，但全员参与安全管理更加重要。安全管理涉及生产经营活动的领域较多，涉及从开工到竣工交付的全部过程、生产时间和生产要素。因此，生产经营活动中必须坚持全员、全方位的安全管理。

坚持持续改进，安全管理是在变化着的生产经营活动中的一种动态管理，其管理意味着是不断改进发展的、不断变化的，以适应变化的生产活动，消除新的危险因素，需要的是不间断的摸索新的规律，总结控制的办法与经验，指导新的变化后的管理，从而不断提高现代建筑工程项目的安全管理水平。

四、现代建筑工程项目部的安全生产职责

（一）项目经理部机构的安全生产责任

项目经理部是安全生产工作的载体，具体组织和实施项目安全施工生产，对本项目工程的安全生产负全面责任，要贯彻落实各项安全生产的法律、法规、规章、制度，组织实施各项安全管理工作，完成各项考核指标，建立并完善项目部安全生产责任制和安全考核评价体系，积极开展各项安全活动，监督、控制分包队伍执行安全规定，履行安全职责。若发生伤亡事故及时上报并保护好事故现场，积极抢救伤员，认真配合事故调查组开展伤亡事故的调查和分析，按照"四不放过"原则，落实整改防范措施，对责任人员进行处理。

（二）项目经理的安全生产职责

现代建筑工程项目经理是该现代建筑工程安全生产的第一责任人，对工程经营生产全过程中的安全负全面领导责任。工程项目经理必须经过专门的安全培训考核，取得项目管理人员安全生产资格证书，方可上岗。贯彻落实各项安全生产规章制度，结合工程项目特点及施工性质，制定有针对性的安全生产管理办法和实施细则并落实实施。在组织项目施工、聘用业务人员时，要根据工程特点、施工人数、施工专业等情况，按规定配备一定数量和素质的专职安全员，确定安全管理体系。明确各级人员和分承包方的安全责任和考核指标，并制定考核办法。健全和完善用工管理手续，录用外协施工队必须及时向人事劳务部门、安全部门申报，必须事先审核注册、持证等情况，对工人进行三级安全教育后，方准入场上岗。负责施工组织设计、施工方案、安全技术措施的组织落实工作，组织并督促工程项目安全技术交底制度、设施设备验收制度的实施。

在现代建筑工程项目施工中，采用新设备、新技术、新工艺、新材料，必须编制科学的施工方案、配备安全可靠的劳动保护装置和劳动防护用品，否则不准施工。项目经理领导和组织施工现场每旬一次的定期安全生产检查，发现施工中的不安全问题或事故隐患，组织制定整改措施及时解决；对上级提出的安全生产与管理方面的问题，要在限期内定时、定人、定措施予以解决；接到政府部门安全监察指令书和重大安全隐患通知单，应立即停止施工并组织力量进行整改，隐患消除后必须报请上级部门验收合格，才能恢复施工。发

生因工伤亡事故时，必须做好事故现场保护与伤员的抢救工作，按规定及时上报，不得隐瞒、虚报和故意拖延不报。积极组织配合事故的调查，认真制定并落实防范措施，吸取事故教训以防止发生重复事故。

（三）项目部各职能部门的安全生产职责

安全部是项目安全生产的责任部门，代行使项目安全生产领导小组安全工作的监督检查职权，要求协助项目经理开展各项安全生产业务活动，监督项目安全生产保证体系的正常运转，定期向项目安全生产领导小组汇报安全情况并通报安全信息，及时传达项目安全决策并监督实施。组织和指导项目分包安全机构及安全人员开展各项业务工作，定期进行项目安全性测评。

对于工程管理部而言，在编制项目总工期控制进度计划和年、季、月计划时，必须树立"安全第一"的思想，综合平衡各生产要素，保证安全工程与生产任务协调一致。在检查生产计划实施情况的同时，检查安全措施项目的执行情况。对于改善劳动条件、预防伤亡事故项目，要视同生产项目优先安排，对于施工中重要的安全防护设施、设备的施工要纳入正式工序，予以时间保证。负责编制项目文明施工计划，并组织具体实施，负责现场环境保护工作的具体组织和落实，负责现代建筑工程项目所使用的大、中、小型机械设备的日常维护、保养和安全管理。

技术部负责编制项目施工组织设计中安全技术措施方案，编制特殊、专项安全技术方案。参加现代建筑工程项目所用的设备、设施的安全验收，从安全技术角度严格把关。检查施工组织设计和施工方案的实施情况的同时，检查安全措施的实施情况，对施工中涉及的安全技术问题，提出解决办法。对项目使用的新技术、新工艺、新材料、新设备制定相应的安全技术措施和安全操作规程，并负责对工人进行安全技术教育。

物资部要求严格执行重要劳动防护用品的采购和国家标准的有关规定，执行本系统重要劳动防护用品定点使用管理规定。同时，会同项目安全部门进行验收，加强对在用机具和防护用品的管理，对自有的机具和防护用品定期进行检验、鉴定，对不合格品及时报废、更新以确保使用安全，此外还负责施工现场材料堆放和物品储运的安全。

五、现代建筑工程项目的安全生产教育培训要求

（一）安全生产教育的对象

现代建筑工程项目的生产经营单位应当对从业人员进行安全生产教育和培训，保证从业人员具备必要的安全生产知识，熟悉有关的安全生产规章制度和安全操作规程，掌握本岗位的安全操作技能。未经安全生产教育和培训不合格的从业人员，不得上岗作业。地方政府及行业管理部门对施工项目各级管理人员的安全教育培训做出了具体规定，要求施工项目安全教育培训率实现100%。

现代建筑工程项目安全教育培训的对象包括以下五类人员：（1）工程项目经理、项目执行经理、项目技术负责人，工程项目主要管理人员必须经过当地政府或上级主管部门组织的安全生产专项培训，培训时间不得少于24小时，经考核合格后，持《安全生产资质证书》上岗；（2）工程项目基层管理人员，施工项目基层管理人员每年必须接受公司安全生产年审，经考试合格后，持证上岗；（3）特种作业人员，必须经过专门的安全理论培训和安全技术实际训练，经理论和实际操作的双项考核，合格者持《特种作业操作证》上岗作业；（4）操作工人，必须经过三级安全教育，考试合格后持"上岗证"上岗作业；（5）分包负责人和分包队伍管理人员，必须接受政府主管部门或总单位的安全培训，经考试合格后持证上岗。

（二）安全生产教育的内容

安全是生产赖以正常进行的前提，安全教育又是安全管理工作的重要环节，是提高全员安全素质、安全管理水平和防止事故，从而实现安全生产的重要手段。面向现代建筑工程项目的安全生产教育，主要包括安全生产思想教育、劳动纪律教育、安全技能教育、安全知识教育和法制教育五个方面的内容。

（1）安全生产思想教育

安全思想教育的目的是为安全生产奠定思想基础，从加强思想认识、方针政策和劳动纪律教育等方面进行思想认识和方针政策的教育，目的是提高各级管理人员和广大群众对安全生产重要意义的认识，从思想上、理论上认识在社会主义制度下搞好安全生产的重要意义，以增强关心人、保护人的责任感。树立牢固的群众观点，其目的还包括通过安全生产方针、政策教育提高各级技术、管理人员和广大职工的政策水平，使他们正确全面地理解党和国家的安全生产方针、政策，严肃认真地执行安全生产方针、政策和法规。

（2）劳动纪律教育

劳动纪律教育的目的主要是使广大职工懂得严格执行劳动纪律对实现安全生产的重要性，施工企业的劳动纪律是劳动者进行劳动时必须遵守的法则和秩序，反对违章指挥，反对违章作业，严格执行安全操作规程。遵守劳动纪律是贯彻安全生产方针，减少伤害事故，实现安全生产的重要保证。

（3）安全技能教育

安全技能教育就是结合本工种专业特点，实现安全防护所必须具备的基本技术知识要求，每个职工都要熟悉本工种、本岗位专业安全技术知识。安全技能知识是比较专门、细致和深入的知识，包括安全技术和安全操作规程，对于登高架设、起重、焊接、电气、爆破、压力容器、锅炉等特种作业人员必须进行专门的安全技术培训，宣传先进经验，这既是教育职工找差距的过程，又是学习并赶先进的过程。事故教育可以从事故教训中吸取有益的东西，防止今后类似事故的重复发生。

（4）安全知识教育

施工企业所有职工必须具备安全基本知识，全体职工都必须接受安全知识教育，每年按规定学时进行安全培训。安全基本知识教育的主要内容是：企业的基本生产概况；施工流程、方法；企业施工生产危险区域及其安全防护的基本知识和注意事项；机械设备、厂（场）内运输的有关安全知识；有关电气设备或动力照明的基本知识；高处作业安全知识；生产中使用的有毒、有害物质的安全防护基本知识；消防制度及灭火器材应用的基本知识；个人防护用品的正确使用知识等教育内容。

（5）法制教育

法制教育就是要采取各种有效形式，对全体职工进行安全生产法制教育，从而提高职工遵法、守法的自觉性以达到安全生产的目的。

（三）安全生产教育的形式

1. 新工人的"三级安全教育"

三级安全教育是企业必须坚持的安全生产基本教育制度，对新工人包括新招收的合同工、临时工、学徒工、农民工及实习和代培人员必须进行公司、项目、作业班组三级安全教育，时间不得少于 40 小时，三级安全教育由安全、教育和劳资等部门配合组织进行。经教育考试合格者才准许进入生产岗位，不合格者必须补课、补考。对新工人的三级安全教育情况要建立档案，新人工作一个阶段后还应进行重复性的安全再教育，不断加深安全意识。

三级安全教育的主要内容：①党和国家的安全生产方针、政策；②安全生产法规、标准和法制观念；③本施工单位施工过程及安全生产规章制度和安全纪律；④本单位安全生产形势、历史上发生的重大事故及应吸取的教训；⑤发生事故后如何抢救伤员、排险、保护现场和及时进行报告；⑥现代建筑工程项目进行现场规章制度和遵章守纪教育，主要内容包括：本单位所承接的现代建筑工程项目施工特点及施工知识；本单位中施工或生产场地的安全生产制度、规定及安全注意事项；本工种的安全技术操作规程；机械设备、电气安全及高处作业等安全基本知识；防火、防雷、防尘、防爆知识及紧急情况安全处置和安全疏散知识；防护用品发放标准及防护用具、用品使用的基本知识等。

班组安全生产教育由班组长主持进行，或由班组安全员及指定技术熟练、重视安全生产的有工作经验的工人讲解，进行本工种岗位安全操作及班组安全制度、纪律教育，主要内容包括：①本班组作业特点及安全操作规程；②班组安全活动制度及纪律；③爱护和正确使用安全防护装置设施及个人劳动防护用品；④本岗位易发生事故的不安全因素及其防范对策；⑤本岗位的作业环境及使用的机械设备、工具的安全措施及注意事项。

2. 变换工种的安全教育

凡改变工种或调换工作岗位的工人必须进行变换工种的安全教育，变换工种安全教育的时间不得少于 4 小时，教育考核合格后方准上岗，其所对应的安全教育内容包括：①新工作岗位或生产班组安全生产概况、工作性质和职责；②新工作岗位、新工种的安全技术操作规程；③新工作岗位个人防护用品的使用和保管；④新工作岗位容易发生事故及有毒有害的地方；⑤新工作岗位必要的安全知识，主要包括各种机具设备及安全防护设施的性能和作用。

3. 施工转场的安全教育

新转入施工现场的工人必须进行转场安全教育，教育时间不得少于 8 小时，教育内容包括：①本工程项目安全生产状况及施工条件；②施工现场中危险部位的防护措施及典型事故案例；③本现代建筑工程项目的安全管理体系、规定及制度。

4. 特种作业的安全教育

从事特种作业的人员必须经过专门的安全技术培训，经考试合格取得操作证后方准独立作业，特种作业的类别及操作项目包括：①电工作业，主要包括用电安全技术、低压运行维修、高压运行维修、低压成套设备安装、电缆安装、高压值班、超高压值班、高压成套设备安装、高压电气试验以及继电保护及二次仪表整定；②金属焊接作业，主要包括手工电弧焊、气焊、气割、CO_2 气体保护焊、手工钨极氩弧焊、埋弧自动焊、电阻焊、钢材对焊（电渣焊）和锅炉压力容器焊接；③起重机械作业，主要包括塔式起重机操作、汽车式起重机驾驶、桥式起重机驾驶、挂钩作业、信号指挥、履带式起重机驾驶、垂直卷扬机操作、客运电梯驾驶、货运电梯驾驶和施工外用电梯驾驶；④登高架设作业，主要包括脚手架拆装、超高处作业、起重设备拆装；⑤厂内机动车辆驾驶，主要有叉车、铲车驾驶，电瓶犁驾驶，翻斗车驾驶，汽车驾驶，摩托车驾驶，拖拉机驾驶，机械施工用车驾驶和地铁机车驾驶等。

对特种作业人员的培训、取证及复审等工作严格执行国家、地方政府的有关规定，对从事特种作业的人员要进行经常性的安全教育，每月一次且每次教育不少于 4 小时，而教育内容包括：现代建筑工程项目所需特种作业人员所在岗位的工作特点，可能存在的危险、隐患和安全注意事项；特种作业岗位的安全技术要领及个人防护用品的正确使用方法；本岗位曾发生的事故案例及经验教训。

5. 季节性施工安全教育

现代建筑工程进入雨期及冬期施工前，在施工现场项目经理的部署下，由各区域责任工程师负责组织本区域内施工的分包队伍管理人员及操作工人进行专门的季节性施工安全技术教育，时间不少于 2 小时，安全技术交底的内容是应该采取的专项措施及其应注意的问题，并明确应急响应预案。

6. 节假日前后的安全教育

节假日前后应特别注意各级管理人员及操作者的思想动态，有意识有目的地进行教育、稳定他们的思想情绪，预防事故的发生，专门的人员对施工工人进行安全生产教育，时间不少于 2 小时。主要内容包括：因故改变安全操作规程；更新仪器、设备和工具，推广新工艺、新技术；发生的因工伤亡事故、机械损坏事故及重大未遂事故；实施重大和季节性安全技术措施；出现其他不安全因素时安全生产环境发生的变化。

（四）安全生产教育活动及实施

班前安全活动交底作为施工队伍经常性安全教育活动之一，各作业班长于每班工作开始前必须对本班组全体人员进行不少于 15 分钟的班前安全活动交底。班组长要将安全活动交底内容记录在专用的记录本上，各成员在记录本上签名。班前安全活动交底的内容应包括：本班组安全生产须知；本班工作中的危险点和应采取的对策；上一班工作中存在的安全问题和应采取的对策；在特殊性、季节性和危险性较大的作业前，责任工长要参加班前全员讲话并对工作中应注意的安全事项进行重点交底。

周一安全活动作为施工项目经常性安全活动之一，每周一开始工前应对全体在岗工人开展至少 1 小时的安全生产及法制教育活动，活动可采取看录像、听报告、分析事故案例、图片展览、急救示范、智力竞赛、热点辩论等形式进行。工程项目主要负责人要进行安全讲话，主要内容包括：上周安全生产形势、存在问题及对策；最新安全生产信息；重大和季节性的安全技术措施；本周安全生产工作的重点、难点和危险点；本周安全生产工作目标和要求。

六、现代建筑工程项目的安全检查制度

（一）安全检查制度

为了全面提高项目安全生产管理水平和及时消除安全隐患，落实各项安全生产制度和措施，在确保现代建筑工程安全的情况下正常地对施工项目实行逐级安全检查制度，包括：施工企业对现代建筑工程项目实施定期检查和重点作业部位巡检制度；项目经理部每月由现场经理组织和安全总监配合，对施工现场进行一次安全大检查；专业责任工程师或工长实行日巡检制度；区域责任工程师每半个月组织专业责任工程师或工长、分包商、行政、技术负责人、工长对所管辖的区域进行安全大检查；施工班组要做好班前、班中、班后和节假日前后的安全自检工作，尤其作业前必须对作业环境进行认真检查，做到身边无隐患，班组不违章；各级检查都必须有明确的目的，做到"四定"，即定整改责任人、定整改措施、定整改完成时间、定整改验收项目并做好检查记录；现代建筑工程项目分包单位必须建立各自的安全检查制度，除参加总包组的检查外必须坚持自检，及时发现、纠正、整改本责任区的违章、隐患，对危险和重点部位要跟踪检查，并做到预防为主；现代建筑工程项目的安全总监对上述人员的活动情况实施监督与检查。

（二）安全检查的形式

现代建筑工程安全检查的形式多样，主要有上级检查、定期检查、专业性检查、经常性检查及自行检查等。上级检查是指建筑主管的各级部门对下属单位进行的安全检查，该

检查能够发现建筑施工行业安全施工存在的共性和主要问题，具有针对性、调查性，也有批评性。同时，通过检查总结，扩大和积累施工现场的安全施工经验，对指导安全施工具有重要意义。定期检查，主要是指建筑施工企业内部必须建立定期的安全检查制度，企业级定期的安全检查可每季度组织一次，项目经理部可每月或每半月组织一次检查，施工队要每周检查一次，每次检查都要由主管安全的领导带队，会同企业工会、安全、动力设备、保卫等部门一起实施，及时的发现问题和解决问题。定期检查是全面性和考核性的检查，是按照事先计划的检查方式和内容进行的检查。专业性检查是指应由施工企业有关业务分管部门单独组织，有关人员针对安全工作存在的突出问题，对某项专业存在的普遍性安全问题进行单项检查，这类检查针对性强，能有地放矢，对帮助提高某项专业安全技术水平有很大作用，而针对性的专业工程包括施工机械、脚手架、电气、塔吊、锅炉和防尘防毒等。经常性检查主要是要提高大家的安全意识，督促员工时刻牢记安全要领，在施工中安全操作，及时发现安全隐患并加以消除，保证现代建筑工程施工的正常进行，而经常性安全检查包括：班组进行班前、班后岗位安全检查；各级安全员及安全值班人员日常巡回安全检查；各级管理人员在检查施工同时检查安全等。季节性检查，是针对冬季、风季、雨季等气候特点可能给施工安全和施工人员健康带来危害而组织的安全检查，主要是防止施工人员在这一段时间思想放松，纪律松懈而容易发生事故，检查应由单位领导组织有关部门人员进行。自行检查，即施工人员在施工过程中还要经常进行自检、互检和交接检查，自检是施工人员工作前、后对自身所处的环境和工作程序进行安全检查，目的是随时消除所发现的任何安全隐患。互检是指班组之间、员工之间开展的安全检查，以便互相帮助，共同防止事故。交接检查是指上道工序完毕，交给下道工序使用前，在工地负责人组织工长、安全员、班组及其他有关人员参加情况下，由上道工序施工人员进行安全交底并一起进行安全检查和验收，认为合格后才能交给下道工序使用。

（三）安全检查的内容

各级管理人员负责安全施工规章制度的建立与落实。其规章制度的内容包括：安全施工责任制、岗位责任制、安全教育制度和安全检查制度。施工现场安全措施的落实和有关安全规定的执行情况，主要包括以下内容：安全技术措施，根据工程特点、施工方法、施工机械，编制完善的安全技术措施并在施工过程中得到贯彻情况；施工现场安全组织，主要是工地上是否有专、兼职安全员并组成安全活动小组和工作开展情况，完整的施工安全记录情况；安全技术交底和操作规章的学习贯彻情况；安全设防情况；个人防护情况；安全用电情况；施工现场防火设备情况和安全标志牌等。

（四）用电设备的安全检查

对临时用电系统和设施的检查，包括是否采用了 TN-S 接零保护系统。TN-S 系统就是五线制，保护零线和工作零线分开，在一级配电设立两个端子板，即工作零线和保护零线端子板，此时入线是一根中性线，出线就是两根线，也就是工作零线和保护零线分别由各自端子板引出。现场塔吊等设备要求电源从一级配电柜直接引入，引到塔吊专用箱，不允许与其他设备共用，现场一级配电柜要做重复接地。施工中临时用电的负荷匹配和电箱合理配置、配设问题，其内容包括负荷匹配和电箱合理配置、配设是否能达到"三级配电、两级保护"要求，符合《施工现场临时用电安全技术规范》（JGJ46-2005）和《建筑施工安全检查标准》（JGJ59-2011）等规范和标准。临电器材和用电设备要具备安全防护装置和有效安全措施。对室外及固定的配电箱要有防雨防砸棚、围栏，如果是金属的还要接保护零线、箱子下方砌台、箱门配锁、有警告标志和制度责任人等。木工机械的环境和防护设施齐全有效。手持电动工具达标，生活和施工照明的特殊要求，包括灯具（碘钨灯、镝灯、探照灯、手把灯）的高度、防护、接线、材料均符合规范要求，走线要符合规范和必要的保护措施，在需要使用安全电压场所要采用低压照明，低压变压器配置符合要求。消防泵、大型机械的特殊用电要求，对塔吊、消防泵、外用电梯等配置专用电箱做好防雷接地，对塔吊、外用电梯电缆要做合适处理等。雨期施工中应对绝缘和接地电阻进行及时摇测和记录情况。

（五）施工准备阶段的安全检查

对现代建筑工程项目施工区域内的地下电缆、水管或防空洞等，要指令专人进行妥善处理。施工现场内或施工区域附近有高压架空线时，要在施工组织设计中采取相应的技术措施，确保施工安全。施工现场的周围若临近居民住宅或交通要道，要充分考虑施工扰民、妨碍交通、发生安全事故的各种可能因素，以确保人员安全。对有可能发生的危险隐患，要有相应的防护措施，如搭设过街、民房防护棚和施工中作业层的全封闭等。在现场内设金属加工、混凝土搅拌站时要尽量远离居民区及交通要道，以防止施工中的噪声干扰居民的正常生活。

（六）基础施工阶段安全检查

现代建筑工程的土方施工前，应检查是否有针对性的安全技术交底并督促执行。在雨期或地下水位较高的区域施工时，要检查是否有排水、挡水和降水措施。检查根据组织设计放坡比例进行的放坡施工是否合理，有没有支护措施或打护坡桩。检查在深基础施工过程中，作业人员工作环境和通风是否良好以及工作位置距基础 2m 以下是否有基础周边防护措施。

（七）主体结构施工阶段安全检查

现代建筑工程主体结构的施工阶段应做好对外脚手架的安全检查与验收，预防高处坠落和防止物体打击，搭设材料和安全网合格，检测的对象包括：水平 6m 支网和 3m 挑网；出人口的护头棚；脚手架搭设基础、间距、拉结点、扣件连接；卸荷措施；结构施工层和距地 2m 以上操作部位的外防护等；做好"三宝"等安全防护用品（安全帽、安全带、安全网、绝缘手套、防护鞋等）的使用检查与验收；做好孔、洞口（楼梯口、预留洞口、电梯井口、管道井口、首层出口）的安全检查与验收；做好阳台边、屋面周边、结构楼层周边、雨篷与挑檐边、水箱与水塔周边、斜道两侧边、卸料平台外侧边、梯段边等临边的安全检查与验收；做好机械设备人员教育和持证上岗的培训，对所有设备进行检查与验收；重点检查周转材料，特别是大模板存放和吊装使用；做好对施工人员上下通道的检查；最后，对现代建筑工程中一些特殊结构工程，如钢结构吊装、大型梁架吊装以及特殊危险作业要对施工方案和安全措施、技术交底进行检查与验收。

（八）装修施工阶段的安全检查

对现代建筑工程的外装修脚手架、吊篮、桥式架子的保险装置、防护措施在投入使用前进行检查与验收，日常期间要进行安全检查，主要包括：室内管线洞口防护设施；室内使用的单梯、双梯、高凳等工具及使用人员的安全技术交底；内装修使用的架子搭设和防护；内装修作业所使用的各种染料、涂料和胶黏结剂是否挥发有毒气体和多工种的交叉作业。而竣工扫尾阶段的主要工作包括外装脚手架的拆除和现场清理工作。

七、现代建筑工程项目的安全评价

（一）安全检查评价

为科学地评价现代建筑工程项目安全生产情况，提高安全生产工作的管理水平，预防伤亡事故的发生，确保职工及作业人员的安全，应采用工程安全系统原理并结合建筑施工中伤亡事故发生的规律，按照住房和城建设部《建筑施工安全检查标准》（JGJ 592011），对建筑施工中容易发生伤亡施工的主要环节、部位和工艺等的完成情况进行安全检查的定性评价。采用检查评分表的的形式，分为安全管理、文明工地、脚手架、基坑工程、模板支架、高处作业、施工用电、物料提升机与施工升降机、塔式起重机与起重吊装、施工机具分项检查评分表和检查评分汇总表。汇总表对各分项内容检查结果进行汇总，利用汇总表所得分值，来确定和评价施工项目总体系统的安全生产工作，现代建筑工程的建筑施工安全检查评分汇总表如表 7-1 所示：

表 7-1　现代建筑工程施工安全检查评分汇总表

现代建筑工程名称	建筑面积（m²）	结构类型	总计得分	安全管理 10 分	文明施工 10 分	脚手架 10 分	基坑工程 10 分	模板支架 10 分	施工用电 10 分	升降机 10 分	高处作业 10 分	施工机具 10 分	起重吊装 10 分
评语：													
检查单位：　　　　负责人：　　　　受检项目：　　　　项目经理													

（二）安全检查评定等级

安全检查评定等级应按汇总表的总得分和分项检查评分表的得分，对现代建筑工程施工检查评定划分为优良、合格、不合格三个等级。现代建筑工程施工安全检查评定等级的划分应符合下列规定：（1）优良，要求分项检查评分表无零分，汇总表得分值应在80分及以上；（2）合格，要求分项检查评分表无零分，汇总表得分值应在80分以下70分及以上；（3）不合格，即汇总表得分值不足70分或者有一分项检查评分表为零，当建筑施工安全检查评定的等级为不合格时必须限期整改、并最终达到合格标准。

（三）安全管理检查评定

现代建筑工程的安全管理检查评定保证项目应包括：安全生产责任制、施工组织、设计及专项施工方案、安全技术交底、安全检查、安全教育、应急救援等子项，而一般项目包括：分包单位安全管理、持证上岗、生产安全事故处理、安全标志等子项。

（1）安全管理保证项目

安全生产责任制，其主要是指现代建筑工程项目部各级管理人员，包括：项目经理、工长、安全员、生产、技术、机械、器材、后勤、分包单位负责人等管理人员，均应建立安全责任制。根据《建筑施工安全检查标准》（JGJ59-2011）和项目制定的安全管理目标，进行责任目标分解，建立考核制度，定期（每月）考核。

施工组织设计及专项施工方案，现代建筑工程项目部在施工前应编制施工组织设计，施工组织设计应针对工程特点、施工工艺制定安全技术措施，安全技术措施应包括安全生产管理措施。危险性较大的分部分项工程应按规定编制安全专项施工方案，专项施工方案应有针对性，并按有关规定进行设计计算。超过一定规模危险性较大的分部分项工程，施工单位应组织专家对专项施工方案进行论证。经专家论证后提出修改完善意见的，施工单位应按论证报告进行修改，并经施工单位技术负责人、项目总监理工程师、建设单位项目负责人签字后，方可组织实施。专项方案经论证后需做重大修改的，应重新组织专家进行论证。施工组织设计、专项施工方案，应由有关部门审核，施工单位技术负责人、监理单位项目总监批准，此外，现代建筑工：程项目部应按施工组织设计和专项施工方案组织实施。

安全技术交底主要包括三个方面：一是按工程部位分部分项进行交底；二是对施工作业相对固定，与工程施工部位有直接关系的工程，如起重机械、钢筋加工等，应单独进行交底；三是对工程项目的各级管理人员，应进行以安全施工方案为主要内容的交底。施工负责人在分派生产任务时，应对相关管理人员、施工作业人员进行书面安全技术交底。安全技术交底应按施工工序、施工部位、施工栋号分部分项进行。安全技术交底应结合施工作业场所状况、特点、工序，对危险因素、施工方案、规范标准、操作规程和应急措施进行交底。安全技术交底应由交底人、被交底人、专职安全员进行签字确认。

安全检查应包括定期安全检查和季节性安全检查，定期安全检查以每周一次为宜，季节性安全检查应在雨期、冬施工中分别进行。现代建筑工程项目部应建立安全检查制度，安全检查应由现代建筑工程的项目负责人组织，专职安全员及相关专业人员参与，定期进行并填写检查记录，对检查中发现的事故隐患应下达隐患整改通知单，定人、定时、定措施进行整改。重大事故隐患整改后，应由相关部门组织复查。对重大事故隐患的整改复查，应按照谁检查谁复查的原则进行。

现代建筑工程项目部应建立安全教育培训制度，当施工人员入场时，工程项目部应组织进行以国家安全法律法规、企业安全制度、施工现场安全管理规定及各工种安全技术操作规范，为主要内容的三级安全教育培训和考核，施工人员入场安全教育应按照先培训后上岗的原则进行，且培训教育应进行试卷考核；当施工人员变换工种或采用新技术、新工艺、新设备、新材料施工时，应进行安全教育培训，以保证施工人员熟悉作业环境，掌握相应安全知识技能；施工管理人员、专职安全员每年度均应进行安全教育培训和考核。

应急救援要求应针对现代建筑工程特点进行重大危险源的辨识，制定防触电、防坍塌、防高处坠落、防起重及机械伤害、防火灾、防物体打击等主要内容的专项应急救援预案，并对施工现场易发生重大安全事故的部位、环节进行监控。施工现场应建立应急救援组织，培训、配备应急救援人员，定期组织员工进行应急救援演练，对难以进行现场演练的预案，可按演练程序和内容采取室内模拟演练。按应急救援预案要求配备应急救援器材和设备，包括：急救箱、氧气袋、担架、应急照明灯具、消防器材、通信器材、机械、设备、材料、工具、车辆、备用电源等。

（2）安全管理一般项目

分包单位安全管理，表现为总包单位应对承揽分包工程的分包单位进行资质、安全生产许可证和相关人员安全生产资格的审查。当总包单位与分包单位签订分包合同时，应签订安全生产协议书，明确双方的安全责任。分包单位应按规定建立安全机构，配备专职安全员。分包单位安全员的配备应按住建部的规定，专业分包至少1人；劳务分包的工程50人以下的至少1人；50～200人的至少2人；200人以上的至少3人。分包单位应根据每天工作任务的不同特点对施工作业人员进班前安全交底。

持证上岗，即要求从事建筑施工的项目经理、专职安全员和特种作业人员，须经行业主管部门培训考核合格，取得相应资格证书，方可上岗作业。项目经理、专职安全员和特种作业人员应持证上岗。

生产安全事故管理，现代建筑工程项目发生的各种安全事故应进行登记报告，并按规定进行调查、处理、制定预防措施，建立事故档案。重伤以上事故，需按国家有关调查处理规定进行登记建档。当施工现场发生生产安全事故时，施工单位应按规定及时报告。施工单位应按规定对生产安全事故进行调查分析，制定防范措施，应依法为施工作业人员办理保险。

安全标志，要求施工现场人口处及主要施工区域、危险部位应设置相应的安全警示标志牌。施工现场应绘制安全标志布置图。应根据工程部位和现场设施的变化，调整安全标志牌设置，包括基础施工、主体施工、装修施工三个阶段。对夜间施工或人员经常通行的危险区域、设施，应安装灯光警示标志。按照危险源辨识的情况，施工现场应设置重大危险源公示牌。

（3）安全管理检查评分表

安全管理检查评分表的格式见表 7-2 和表 7-3 所示：

表 7-2 保证项目安全管理检查评分表

序号	检查项目	扣分标准	应得分数	扣减分数	实际分数
1	安全生产责任制	未建立安全责任制，扣 10 分 安全生产责任制未经责任人签字确认，扣 3 分 未备有各工种安全技术操作规程，扣 2 ~ 10 分 工程项目部承包合同中未明确安全生产考核指标，扣 5 分 未制定安全生产资金保障制度，扣 5 分 编制安全资金使用计划或未按计划实施，扣 2 ~ 5 分 未制定伤亡控制、安全达标、文明施工等管理目标，扣 5 分 未进行安全责任目标分解，扣 5 分 未建立对安全生产责任制和责任目标的考核制度，扣 5 分 未按考核制度对管理人员定期考核，扣 2 ~ 5 分	10		
2	施工组织设计及专项施工方案	施工组织设计中未制定安全技术措施，扣 10 分 危险性较大的分部分项工程未编制安全专项施工方案，扣 10 分 未按照规定对超过一定规模的危险性较大的分部分项工程专项方案进行专家论证，扣 10 分 施工组织设计、专项施工方案未经过审批，扣 10 分 安全技术措施、专项施工方案无针对性或缺少设计计算，扣 2 ~ 8 分 未按照施工组织设计、专项施工方案组织实施，扣 2 ~ 10 分	10		
3	安全技术交底	进行书面安全技术交底，扣 10 分 未按分部分项进行交底，扣 5 分 交底内容不全面或针对性不强，扣 2 ~ 5 分 交底未履行签字手续，扣 4 分	10		

【续 表】

序号	检查项目	扣分标准	应得分数	扣减分数	实际分数
4	安全检查	未建立安全检查制度，扣10分 未有安全检查记录，扣5分 事故隐患的整改未做到定人、定时间、定措施，扣2~6分 对重大事故隐患整改通知书所列项目未按期整改和复查，扣5~10分	10		
5	安全教育与培训	未建立安全教育培训制度，扣10分； 施工人员入场未进行三级安全教育培训和考核，扣安全5分 未明确具体安全教育培训内容，扣2~8分 换工种或采用新技术、新工艺、新设备、新材料施工时训未进行安全教育，扣5分 施工管理人员、专职安全员未按规定进行年度教育培训和考核，每人扣2分	10		
6	应急救援	未制定安全生产应急救援预案，扣10分 未建立应急救援组织或未按规定配备救援人员，扣2~6分 未定期进行应急救援演练，扣5分 未配置应急救援器材和设备，扣5分	10		
7	小计		60		

表7-3 一般性项目安全管理检查评分表

序号	检查项目	扣分标准	应得分数	扣减分数	实际分数
1	分包单位安全管理	分包单位资质、资格、分包手续不全或失效，扣10分 分包未签订安全生产协议书，扣5分 单位分包合同、安全生产协议书，签字盖章手续不全，扣2~6分 分包单位未按规定建立安全机构或未配备专职安全员，扣2~6分	10		
2	持证上岗	未经培训从事施工、安全管理和特种作业，每人扣持证5分 项目经理、专职安全员和特种作业人员未持证上岗，每人扣2分	10		

序号	检查项目	扣分标准	应得分数	扣减分数	实际分数
3	生产安全事故处理	生产安全事故未按规定报告，扣10分 生产安全事故未按规定进行调查分析、制定防范措施，扣10分 未依法为施工作业人员办理保险，扣5分	10		
4	安全标志	主要施工区域、危险部位未按规定悬挂安全标志，扣2~6分 未绘制现场安全标志布置图，扣3分 未按部位和现场设施的变化调整安全标志设置，扣2~6分 未设置重大危险源公示牌，扣5分	10		
5	小计		40		

八、现代建筑工程施工现场防火与防暴要求

（一）防火与防暴的基本要求

现代建筑工程现场施工应编制防火防爆技术措施并履行报批手续，一般工程在拟定施工组织设计的同时，要拟定现场防火和防爆措施，按规定施工现场配置消防器材、设施和用品，并建立消防组织。施工现场明确划定用火和禁火区域，并设置明显职业健康安全标志。现场动火作业必须履行审批制度，动火操作人员必须经考试合格持证上岗。施工现场应定期进行防火检查，及时消除火灾隐患。

（二）防火与防暴安全管理制度

建立定期的消防技能培训制度，定期对职工进行消防技能培训，使所有施工人员都懂得基本防火防爆知识，掌握安全技术，能熟练使用工地上配备的防火防爆器具，能掌握正确的灭火方法。建立现场明火管理制度，施工现场未经主管领导批准，任何人不准擅自动用明火，从事电、气焊的作业人员要持证上岗，并在用火批准的范围内作业，要从技术上采取安全措施消除火源。建立防火防爆知识宣传教育制度，组织施工人员认真学习《中华人民共和国消防条例》和公安部《关于建筑工地防火的基本措施》，教育参加施工的全体职工认真贯彻执行消防法规，增强全员的法意识。存放易燃易爆材料的库房建立严格管理制度，现场的临建设施和仓库要严格管理，存放易燃液体和易燃易爆材料的库房，要设置专门的防火防爆设备，采取消除静电等防火防爆措施，防止火灾、爆炸等恶性事故的发生。建立消防检查制度，定期检查施工现场设置的消防器具、存放易燃易爆材料的库房、施工

重点防火部位和重点工种的施工，对于不合格者责令整改，并及时消除火灾隐患。

（三）现代建筑工程中防火防爆措施

现代建筑项目中的高层及超高层建筑施工必须从实际出发，始终贯彻"预防为主、防消结合"的消防工作方针，具体防火防爆措施主要体现在以下方面，即：（1）施工总承包单位的各级领导要重视施工防火安全，要始终将防火工作放在首要位置，将防火工作列入高层施工生产的全过程，做到同计划、同布置、同检查、同总结、同评比，布置施工任务的同时要提防火要求，使防火工作做到经常化、制度化、群众化；（2）高层施工工地要建立防火领导小组，多单位施工的工程要以甲方为主成立甲方、施工单位等参加的联合治安防火办公室，协调工地防火管理，领导小组或联合办公室要坚持每月召开防火会议和每月进行一次防火安全检查制度，认真分析研究施工过程中的薄弱环节和制定落实整改措施；（3）要按照"谁主管，谁负责"的原则，从上到下建立多层次的防火管理网络，实行分工负责制，明确高层建筑工程施工防火的目标和任务，使高层施工现场防火安全得到组织保证；（4）高层建筑施工必须制定施工现场的《消防管理制度》《施工材料和化学危险品仓库管理制度》的规章制度，建立各工种的安全操作责任制，明确工程各个部位的动火等级，严格动火申请和审批手续、权限，强调电焊工等动火人员防火责任制，对无证人员、仓库保管员进行专业培训，做到持证上岗，进入内装饰阶段要明确规定吸烟点等；（5）施工现场要成立义务消防队，每个班组都要有一名义务消防员为班组防火员，负责班组施工的防火，同时，要根据工程建筑面积、楼层的层数和防火重要程度配专职防火干部、专职消防员、专职动火监护员，对整个工程进行防火管理，检查督促、配置器材和巡逻监护；（6）高层建筑工程施工材料多属高分子合成的易燃物品，防火管理部门应责成有关部门加强对原材料的管理，要做到专人、专库、专管，施工前向施工班组做好安全技术交底，并严格执行限额领料和余料回收制度；（7）对参加高层建筑施工的外包队伍，要同每支队伍领队签订防火安全协议书，详细进行防火安全技术措施的交底。针对木工操作场所，明确人员对木屑刨花全面做到日做日清，对油漆等易燃物品要妥善保管，不允许在更衣室等场所乱堆乱放，并力求减少火险隐患。施工中要将易燃材料的施工区域划为禁火区域，安置醒目的警戒标志并加强专人巡逻监护。施工完毕，负责施工的班组要对易燃的包装材料、装饰材料进行清理，要求做到随时做，随时清，现场不留火险；（8）按照规定配置消防器材，重点部位器材配置分布要合理，有针对性，各种器材性能要良好、安全，通信联络工具要有效、齐全。对于20层及以上的高层建筑施工应设置专用的高压水泵，每个楼层应安装消火栓、配置消防水龙，配置数量应视楼面积大小而定，大楼底层应设蓄水池不小于$20m^3$以保证水源的供应。高层建筑层次高而水压不足的，在楼层中间应设接力泵。高压水泵、消防水管只限消防专用，要明确专人管理、使用和维修、保养以保证水泵完好和正常运转。所有高层建筑设置的消防泵、消火栓和其他消防器材的部位，都要有醒目的防火标志。高层建筑工程施工应按楼层面积一般每100m 设置2个灭火器。施工现场灭火器材的配置，应灵活机动，即易燃物品多的场所，动用明火多的部位相应要多配一些。重点部位分布合理是指木工操作处不应与机修、电工操作紧邻，灭火器材配置要有针对性。

一般的高层建筑施工期间不得堆放易燃易爆危险物品，如确需存放应在堆放区域配置专用灭火器材和加强管理措施，工程技术的管理人员在制定施工组织设计时要考虑防火安全技术措施，要及时征求防火管理人员的意见。防火管理人员在审核现场布图时，要根据现场布置图到现场实地察看，了解工程四周状况，现场大型设施布置是否安全合理，有权提出修改施工组织设计中的问题。

对火灾危险性大的焊接和切割过程，应严格控制火源和执行动火过程中的安全技术措施，每项工程都要划分动火级别，一般的高层动火划为二、三级，在外墙、电梯井、洞孔等部位，垂直穿到底及登高焊割，均应划为二级动火，其余所有场所均为三级动火，严格按照动火级别进行动火申请和审批。二级动火应由施工管理人员在四天前提出申请并附上安全技术措施方案，报工地主管领导审批，批准动火期限一般为三天，对于复杂危险场所，审批人在审批前应到现场察看确无危险或措施落实才能批准，准许动火的动火证要同时交焊割工、监护人；三级动火由焊割班组长在动火前三天提出申请，报防火管理人员批准，动火期限一般为 7 天，而对于复杂的、危险性大的场所的焊接或气割，工程技术人员要按照规定制定专项安全技术措施方案，焊割工必须按方案程序进行动火操作。焊接和气割工要持操作证、动火证进行操作，并接受监护人的监护和配合，监护人要持动火证，在配有灭火器材情况下进行监护，监护时严格履行监护人的职责，同时，焊割工动火操作中要严格执行焊割操作规程。

第八章　现代建筑工程的环境保护与绿色施工创新管理

第一节　现代建筑工程项目环境保护的创新管理

一、现代建筑工程项目的环境管理体系

（一）环境管理体系的内容

环境方针的内容必须包括对遵守法律及其他要求、持续改进和污染预防的承诺，并作为制定与评审环境目标和指标的框架。环境因素，识别环境因素时要考虑到"三种状态"，即正常状态、异常状态和紧急状态，"三种时态"，即过去时、现在时和将来时，向大气排放，向水体排放，废弃物处理，土地污染，原材料和自然资源的利用以及其他当地环境问题，及时更新环境方面的信息，以确保环境因素识别的充分性和重要环境因素评价的科学性。对于法律和其他要求，现代建筑工程项目部应建立并保持程序以保证活动、产品或服务中环境因素遵守法律和其他要求，还应建立获得相关法律和其他要求的渠道，包括对变动信息的跟踪等。

在目标和指标方面，现代建筑工程项目部要求内部各管理层次、各有关部门和岗位在一定时期内均有相应的目标和指标，并用文本表示，在建立和评审目标时应考虑的因素包括环境影响因素、遵守法律法规和其他要求的承诺、相关方要求等。目标和指标应与环境方针中的承诺相呼应。对于环境管理方案应制定一个或多个环境管理方案，其作用是保证环境目标和指标的实现，方案的内容一般是组织的目标和指标的分解落实情况，使各相关层次与职能在环境管理方案中与其所承担的目标、指标相对应，并应规定实现目标、指标的职责、方法和时间表等。

环境管理体系的有效实施要靠组织的所有部门承担相关的环境职责，必须对每一层次的任务、职责、权限做出明确规定以形成文件并给予传达。最高管理者应指定管理者代表并明确其任务、职责、权限，应为环境管理体系的实施提供各种必要的资源。管理者代表应对环境管理体系建立、实施、保持负责，并向最高管理者报告环境管理体系运行情况。组织应明确培训要求和需要特殊培训的工作岗位和人员，建立培训程序，明确培训应达到

的效果，并对可能产生重大影响的工作，要有必要的教育、培训、工作经验和能力方面的要求以保证他们能胜任所负担的工作。

在信息交流方面，项目部应建立对内对外双向信息交流的程序，能保证在组织的各层次和职能间交流有关环境因素和管理体系的信息，以及外部相关方信息的接收、成文、答复，特别注意涉及重要环境因素的外部信息的处理并记录其决定，而环境管理体系文件应充分描述环境管理体系的核心要素及其相互作用，应给出查询相关文件的途径，明确查找的方法，使相关人员易于获取有效版本。

在文件控制方面，项目部应建立并保持有效的控制程序，并保证所有文件的实施，载明日期，特别包括发布和修订日期，要求字迹清楚、标志明确，妥善保管并在规定期间予以保留等，还应及时从发放和使用场所收回失效文件以防止误用，建立并保持有关制定和修改各类文件的程序。环境管理体系重在运行和对环境因素的有效控制，应避免文件过于繁琐，以利于建立良好的控制系统。

在运行控制方面，项目部的方针、目标和指标及与重要环境因素有关的运行和活动，应确保它们在程序的控制下运行；当某些活动有关标准在第三层文件中已有具体规定时，程序可予以引用，而对缺乏程序指导可能偏离方针、目标、指标的运行应建立运行控制程序，但并不要求所有的活动和过程都建立相应运行控制程序。此外，项目部应识别组织使用的产品或服务中的重要环境因素，并建立和保持相应的文件程序，将有关程序与要求通报供应方和承包方，以促使他们提供的产品或服务符合组织的要求。同时，项目部应建立并保持一套程序，使其能有效确定潜在的事故或紧急情况，并在其发生前予以预防，减少可能伴随的环境影响，一旦紧急情况发生时做出响应，尽可能地减少由此造成的环境影响。项目部还应考虑可能会有的潜在事故和紧急情况，采取预防和纠正措施。应针对潜在的和发生的原因，必要时特别是在事故或紧急情况发生后应对程序予以评审和修订，确保其切实可行，要求按程序有关规定定期进行实验或演练。

在监测和测量方面，对环境管理体系进行例行监测和测量，既是对体系运行状况的监督手段，又是发现问题及时采取纠正措施，实施有效运行控制的首要环节。监测的内容通常包括：组织的环境绩效、有关的运行控制和目标，其组织的环境绩效包括组织采取污染预防措施收到的效果，节省资源和能源的效果，对重大环境因素控制的结果等，而有关运行控制是指对运行加以控制，监测其执行程序及其运行结果是否偏离目标和指标。对于监测活动，应在程序中明确规定：如何进行例行监测，如何使用、维护、保管监测设备，如何记录和如何保管记录，如何参照标准进行评价，什么时候向谁报告监测结果和发现的问题等。

项目部应建立评价程序，定期检查有关法律法规的持续遵循情况，以判断环境方针有关承诺的符合性，其纠正与预防措施包括：建立并保持文件程序，用来规定有关的职责和权限，对不符合规定的进行处理与调查，采取措施以减少由此产生的影响，采取纠正与预防措施并予以完成；对于旨在消除已存在和潜在不符合的规定采取的纠正或预防措施，分析原因并与该问题的严重性和伴随的环境影响相适应；对于纠正与预防措施所引起的对程序文件的任何更改，组织均应遵守实施并予以记录。项目部应建立针对记录的管理程序，明确对环境管理的标识、保存、处置的要求，程序应规定记录的内容，对记录本身的质量要求是字迹清楚、标识清楚、可追溯。

在环境管理体系审核方面，项目部应制定和保持定期开展环境管理体系内部审核的程序及方案。审核程序和方案的目的，是判定其是否满足符合性和有效性的根本，向管理者报告管理结果。对审核方案的编制依据和内容要求，应立足于所涉及活动的环境的重要性和以前审核的结果，审核的具体内容应规定审核的范围、频次、方法和对审核组的要求，审核报告的要求等。对于管理评审，组织应按规定的时间间隔进行，评审过程要记录，结果要形成文件，评审的对象是环境管理体系，目的是保证环境管理体系的持续性、适用性、充分性、有效性。评审前要收集充分必要信息作为评审依据。环境管理体系的运行模式是环境管理体系建立在一个由"策划、实施、检查评审和改进"的动态循环程序之上的。

（二）现代建筑项目环境管理的程序与工作

施工企业应根据批准的现代建筑工程建设项目的环境影响报告，通过对环境因素的识别和评估，确定管理目标及主要指标并在各个阶段贯彻实施，项目的环境管理应遵循下列程序：（1）确定项目环境管理目标；（2）进行项目环境管理策划；（3）验证并持续改进。

项目经理负责现代建筑工程现场环境管理的总体策划和部署，建立项目环境管理组织机构，制定相应制度和措施，组织培训使各级人员明确环境保护的意义和责任。项目经理部的工作应包括以下四方面：（1）按照分区划块原则，搞好项目的环境管理并进行定期检查，加强协调并及时解决发现的问题，实施纠正和预防措施以保持现场良好的作业环境、卫生条件和工作秩序，做到对污染的预防；（2）对环境因素进行控制，制定应急准备和相应措施，并保证信息通畅，预防可能出现的非预期的损害，在出现环境事故时应及时消除污染并应制定相应措施以防止环境二次污染；（3）应保存有关环境管理的工作记录；（4）进行现场节能管理，有条件时应规定能源使用指标。

二、现代建筑工程施工现场环境卫生管理

（一）施工区的卫生管理

现代建筑工程的环境卫生管理责任区可为施工创造舒适的工作环境，养成良好的文明施工作风，保证职工身体健康。施工区域和生活区域应有明确划分，把施工区和生活区分成若干片，分片包干并建立责任区，从道路交通、消防器材、材料堆放到垃圾、厕所、厨房、宿舍、火炉、吸烟等都有专人负责，做到责任落实到人，使文明施工、环境卫生工作保持经常化和制度化。

（二）环境卫生管理措施

办公室内做到天天打扫，保持整洁卫生，做到窗明地净，文具摆放整齐，达不到要求应对当天卫生值班员罚款；卫生区的平面图应按比例绘制，并注明责任区编号和负责人姓名；施工现场严禁大小便，发现有随地大小便现象要对责任区负责人进行处罚；施工区、生活区有明确划分，设置标志牌，标牌上注明责任人姓名和管理范围；施工现场零散材料和垃圾，要及时清理，垃圾临时堆放不得超过3天，违反规定要处罚工地负责人，天天打扫以保持整洁卫生；场地平整，道路应平坦畅通，无堆放物、无散落物，做到无积水、无黑臭，生活垃圾与建筑垃圾要分别定点堆放并严禁混放；职工宿舍铺上、铺下做到整洁有序，室内和宿舍四周保持干净，污物、生活垃圾集中堆放，及时外运，发现不符合此条要求，处罚当天卫生值班员；楼内清理出的垃圾要用容器或小推车，塔吊或提升设备运下，严禁高空抛撒；施工现场的厕所，做到有顶、门窗齐全并有纱，坚持天天打扫，撒白灰或打药 1～2 次，消灭蝇蛆，对便坑须加盖；施工现场的卫生要定期进行检查，发现问题并限期改正。

（三）宿舍区的卫生管理措施

职工宿舍要有卫生管理制度，实行室长负责制，规定一周内每天卫生值日名单并张贴上墙，做到天天有人打扫，保持室内窗明地净，通风良好；宿舍内各类物品应堆放整齐，不到处乱放，做到整齐美观；宿舍内保持清洁卫生，清扫出的垃圾倒在指定的垃圾堆放站并及时清理；生活废水应有污水池供排放，二楼以上也要有水源及水池，做到卫生区内无污水、无污物，废水不得乱倒乱流；夏季宿舍应有消暑和防蚊虫叮咬措施，而冬季取暖炉的防煤气中毒设施必须齐全、有效，建立验收合格证制度，经验收合格发证后准许使用；未经许可一律禁止使用电炉及其他用电加热器具。

（四）办公区域的卫生管理措施

办公室的卫生由办公室全体人员轮流值班，负责打扫和安排出值班表；冬季负责取暖炉的看火，落地炉灰要及时清扫，炉灰按指定地点堆放，定期清理外运以防止发生火灾，未经许可一律禁止使用电炉及其他电加热器具。值班人员负责打扫卫生、打水，做好来访记录，整理文具，此外还应做到窗明地净，无蝇、无鼠的基本要求。

（五）施工现场食堂的卫生管理措施

为加强建筑工地食堂管理，严防肠道传染病的发生，杜绝食物中毒，把控病从口入关，各单位要加强对食堂的治理整顿。根据《食品安全法》规定，依照食堂规模的大小和用餐人数的多少，应当有相应的食品原料处理、加工、贮存等场所及必要的上、下水等卫生设施。

采购外地食品应向供货单位索取县以上食品卫生监督机构开具的检验合格证或检验单，必要时可请当地食品卫生监督机构进行复验。采购食品使用的车辆、容器要清洁卫生，做到生熟分开，防尘、防蝇、防雨、防晒，不得采购制售腐败变质、霉变、生虫、有异味或《食品卫生法》规定禁止生产经营的食品。在贮存和保管环节，应根据《食品安全法》的规定，食品不得接触有毒物、不洁物，建筑工程使用的防冻盐等有毒有害物质，各施工单位要设专人专库存放，严禁亚硝酸盐和食盐同仓共贮，要建立健全管理制度。贮存食品要隔墙、离地，注意做到通风、防潮、防虫、防鼠，食堂内必须设置合格的密封熟食间，有条件的单位应设冷藏设备，主副食品、原料、半成品、成品要分开存放。放酱油、盐等副食调料的容器要做到物见本色并加盖存放。

对于新建、改建、扩建的集体食堂，在选址和设计时应符合卫生要求，远离有毒有害场所，30m 内不得有露天坑式厕所、暴露垃圾堆和粪堆畜圈等污染源。制作间应分为主食间、副食间、烧火间，有条件的可开设生间、摘菜间、炒菜间、冷荤间、面点间，做到生与熟，原料与成品、半成品、食品与杂物、毒物（亚硝酸盐、农药、化肥等）严格分开。需有与进餐人数相适应的餐厅、制作间和原料库等辅助用房，餐厅和制作间建筑面积比例一般应为 1：2，其地面和墙裙的建筑材料要用具有防鼠、防潮和便于洗刷的水泥等。有条件的食堂，制作间灶台及其周围要镶嵌白瓷砖，炉灶应有通风排烟设备，主、副食应分开存放，易腐食品应有冷藏设备。食品加工机械、用具、炊具、容器应有防蝇、防尘设备，用具、容器和食用苦布要有生、熟及反、正面标记，防止食品污染，采购运输要有专用食品容器及专用车。集体食堂应有相应的更衣、消毒、盥洗、采光、照明、通风和防蝇、防尘设备，以及通畅的上下水管道。集体食堂的餐厅设有洗碗池、残渣桶和洗手设备，餐具应有专用洗刷、消毒和存放设备，食堂炊管人员必须按有关规定进行健康检查和卫生知识培训并取得健康合格证和培训证。具有健全的卫生管理制度，单位领导要负责食堂管理工作并将提高食品卫生质量、预防食物中毒，列入岗位责任制的考核评奖条件中。集体食堂的经常性食品卫生检查工作，各单位要根据《食品安全法》和《建筑施工现场环境与卫生标准》的建筑工地食堂卫生管理标准和要求进行管理检查。职工饮水卫生管理施工现场应供应开水，饮水器具要卫生，夏季要确保施工现场的凉开水或清凉饮料供应，暑伏天可增加绿豆汤，防止中暑脱水现象发生。

（六）施工现场厕所的卫生管理措施

现代建筑工程项目的施工现场要按规定设置厕所，厕所的合理设置方案要求如下：厕所的设置位置要离食堂 30m 以外；屋顶墙壁要严密，门窗齐全有效，便槽内必须铺设瓷砖；厕所定期清扫制度，厕所设专人天天冲洗打扫，做到无积垢、垃圾及明显臭味，并应有洗手水源，市区工地厕所要有水冲设施保持清洁卫生；厕所必须采取灭蝇蛆措施，按规定采取冲水或加盖措施，定期打药或撒白灰粉以消灭蝇蛆。

三、现代建筑工程施工现场的文明施工管理

现代建筑工程施工区的文明施工是指保持施工场地整洁、卫生，施工组织科学，施工

程序合理的一种施工活动，实现文明施工不仅要着重做好现场的场容管理工作，而且还要相应做好现场材料、机械、安全、技术、保卫、消防和生活卫生等方面的管理工作，一个工地的文明施工水平是该工地乃至所在企业各项管理工作水平的体现。

（一）施工现场文明施工的基本条件

现代建筑工程施工现场文明施工的基本条件包括：有整套的施工组织设计或施工方案；有健全的施工指挥系统和岗位责任制度；工序衔接交叉合理，交接责任明确；有严格的成品保护措施和制度；大小临时设施和各种材料、构件、半成品按平面布置堆放整齐；施工场地平整，道路畅通，排水设施得当，水电线路整齐；施工机具设备状况良好，施工作业符合消防和安全要求。

（二）施工现场文明施工的基本要求

现代建筑工程的施工现场主要人口处要设置简朴规整的大门，门旁必须设立明显的标牌，标明工程名称，施工单位和工程负责人姓名等内容；施工现场建立文明施工责任制，划分区域，明确管理负责人，实行挂牌制，做到现场清洁整齐；施工现场场地平整，道路坚实畅通，有排水措施，基础、地下管道施工完后要及时回填平整并清除积土；施工现场施工临时水电要有专人管理，不得有"长流水"和"长明灯"；施工现场的临时设施，包括生产、办公、生活用房、仓库、料场、临时上下水管道以及照明、动力线路，要严格按施工组织设计确定的施工平面图布置、搭设或埋设整齐；工人操作地点和周围必须清洁整齐，做到活完脚下清，工完场地清；丢洒在楼梯、楼板上的砂浆混凝土要及时清除，落地灰要回收过筛后使用；砂浆、混凝土在搅拌、运输、使用过程中，要做到不洒、不漏和不剩，使用地点盛放砂浆、混凝土必须有容器或垫板并及时清理；要有严格的成品保护措施，严禁损坏污染成品，堵塞管道；高层建筑要设置临时便桶，且严禁在建筑物内大小便；建筑物内清除的垃圾渣土要通过临时搭设的竖井或利用电梯井或采取其他措施稳妥下卸，严禁从门窗口向外抛掷，施工现场不准乱堆垃圾及余物，应在适当地点设置临时堆放点并定期外运，清运渣土垃圾及流体物品要采取遮盖防漏措施，运送途中不得遗撒；根据工程性质和所在地区的不同情况，采取必要的围护和遮挡措施并保持外观整洁；针对施工现场情况设置宣传标语和黑板报，并适时更换，切实起到表扬先进、促进后进的作用；施工现场严禁居住家属，严禁居民、家属、小孩在施工现场穿梭玩耍；现场使用的机械设备，要按平面布置规划固定点存放，遵守机械安全规程，经常保持机身及周围环境的清洁，机械的标记、编号明显，安全装置可靠；在用的搅拌机、砂浆机旁必须设有沉淀池，不得将浆水直接排放下水道及河流等处，清洗机械排出的其他污水要有排放措施，不得随地流淌；塔吊轨道按规定铺设整齐稳固，塔边要封闭；道渣不外溢，且路基内外排水畅通；施工现场应建立不扰民措施，针对施工特点设置防尘和防噪声设施，夜间施工必须有当地主管部门的批准。

（三）施工现场文明施工的检查与评定

现代建筑工程施工现场的文明施工检查评定保证项目包括：现场围挡、封闭管理、施工场料管理、现场办公与住宿、现场防火等基本构成项目；而一般项目应包括：综合治理、公示标牌、生活设施、社会服务的基本组成项目。

1.保证项目的内容及检查

现场围挡，现代建筑工程施工现场必须沿四周连续设置封闭围挡，围挡材料应用砌体、金属板材等硬性材料。市区主要路段的工地应设置高度不小于 2.5m 的封闭围挡，一般路段的工地应设置高度不小于 1.8m 的封闭围挡，围挡应坚固、稳定、整洁、美观。

封闭管理，施工现场进出口应设置大门，并应设置门卫值班室，应建立门卫值守管理制度，并应配备门卫值守人员，施工人员进入施工现场应佩戴工作卡，施工现场出入口应标有企业名称或标识，并应设置车辆冲洗设施。

施工场地，施工现场主要道路及材料加工区地面必须采用混凝土、碎石或其他硬质材料进行硬化处理，做到畅通、平整，其宽度应能满足施工及防护等要求；对现场易产生扬尘污染的路面、裸露地面及存放的土方等应采取合理、严密的防尘措施；施工现场应设置排水设施，且排水通畅无积水；施工现场应有防止泥浆、污水、废水污染环境的措施；施工现场应设置专门的吸烟处并严禁随意吸烟；温暖季节应有绿化布置。

材料管理，建筑材料、构件、料具应按总平面布局进行码放，材料应堆放整齐，并应标明名称、规格等，对于现场存放的钢筋及水泥等材料，为满足质量和环境保护的要求应有防雨水浸泡、防锈蚀和防止扬尘等措施。建筑物内施工垃圾的清运，应防止造成人员伤亡和环境污染，需要采用合理容器或管道运输，严禁凌空抛掷。现场易燃易爆物品必须严格管理，并分类储藏在专用仓库内，在使用和储藏过程中必须有防暴晒、防火等保护措施，并应保持间距合理和分类存放。

现场办公与住宿，为保证住宿人员的人身安全，在建现代建筑建筑物内、伙房、库房严禁兼做员工宿舍。施工现场应做到作业区、材料区与办公区、生活区进行明显划分，并应有隔离措施，若因现场狭小，不能达到安全距离的要求，必须对办公区、生活区采取可靠的防护措施。宿舍、办公用房的防火等级应符合规范要求，设置可开启式窗户，严禁使用通铺，床铺不得超过 2 层，通道宽度不应小于 0.9m，宿舍内住宿人员人均面积不应小于 2.5m^2，且每间不得超过 16 人。冬季宿舍内应有采暖和防一氧化碳中毒措施，而夏季宿舍内应有防暑降温和防蚊蝇措施，同时，生活用品应摆放整齐，环境卫生应良好。

现场防火，现代建筑工程的施工现场应建立消防安全管理制度，制定消防措施。现场临时用房和设施包括：办公用房、宿舍、厨房操作间、锅炉房、库房、变配电房、围挡、大门、材料堆场及其加工厂、固定动火作业场、作业棚、机具棚等设施，在防火设计上必须达到有关消防安全技术规范的要求。现场的木料、保温材料、安全网等易燃材料必须实行入库的合理存放，并配备相应、有效、足够的消防器材。施工现场应设置消防通道、消防水源应符合规范要求。对于明火作业应履行动火审批手续，并配备动火监护人员。

2. 一般项目的内容及检查

综合治理，要求生活区内应设置供作业人员学习和娱乐的场所；施工现场应建立治安保卫制度，责任分解落实到人；施工现场应制定治安防范措施。

公示标牌，施工现场的大门口处应设置公示标牌，主要内容应包括：工程概况牌、消防保卫牌、文明施工牌、管理人员名单及监督电话牌、施工现场总平面图。标牌应规范、整齐和统一；施工现场应有安全标语、宣传栏、读报栏、黑板报等。

生活设施，应建立生产责任制并落实到人，食堂及有毒有害场所的间距必须大于15m，并应设置在上述场合的上风侧。食堂必须经相关部门审批，颁发卫生许可证和炊事人员身体健康证。食堂使用的燃气罐应单独设置存放间，存放间应通风良好，并严禁存放其他物品。食堂的卫生环境应良好，且设专人进行管理和消毒，门扇下方设防鼠挡板，操作间设清洗池、消毒池、隔油池、排风、防蚊蝇等设施，储藏间应配有冰柜等冷藏设施以防止食物变质；厕所的蹲位和小便槽应满足现场人员数量的需求，现代建筑工作中作业面积大的场地应设置临时性厕所，并由专人及时进行清理，厕所必须符合卫生要求；施工现场应设置淋浴室，且应能满足作业人员的需求，淋浴室与人员的比例宜大于1：20；必须保证现场人员卫生饮水；施工现场应针对生活垃圾建立卫生责任制，使用合理、密封的容器，同时指定专人负责生活垃圾的清运工作。

社区服务，夜间施工前必须经批准后方可进行施工，为保护环境施工现场严禁焚烧各类废弃物，包括生活垃圾、废旧的建筑材料等，正确的做法是进行及时的清运。此外，施工现场应制定防粉尘、防噪声、防光污染等措施和施工不扰民的措施。

第二节　现代建筑工程项目绿色施工的创新管理

现代建筑工程项目的绿色施工实施是一个复杂的系统工程，需要在管理层面充分发挥计划、组织、领导和控制职能，建立系统的管理体系，明确第一责任人，持续改进，合理协调，强化检察和监督等。

一、系统管理体系的建立

面对不同的施工对象，绿色施工管理体系可能会有所不同，但其实现绿色施工过程受控的主要目的是一致的，覆盖施工企业和工程项目绿色施工管理体系的政策和措施要求是不变的。因此，现代建筑工程项目绿色施工管理体系应成为企业和项目管理体系有机整体的重要组成部分，其包括制定、实施、评审和保障实现绿色施工目标所需的组织机构及职责分工、规划活动、相关制度、流程和资源分组等，主要由组织管理体系和监督控制体系构成。

二、组织管理体系的构建

在组织管理体系中，要确定绿色施工的相关组织机构和责任分工，明确项目经理为第一责任人，使绿色施工的各项工作任务有明确的部门和岗位来承担。如某城市广场购物中心工程项目为了更好地推进绿色施工，建立了一套完备的组织管理体系，成立由项目经理、项目副经理、项目总工为正副组长及各部门负责人构成的绿色施工领导小组。明确由组长（项目经理）作为第一责任人，全面统筹绿色施工的策划、实施、评价等工作；由副组长（项目副经理）挂帅进行绿色施工的推进，负责批次、阶段和单位工程评价组织等工作；另一副组长（项目总工）负责绿色施工组织设计、绿色施工方案或绿色施工专项方案的编制，指导绿色施工在工程中的实施；同时明确由质量与安全部负责项目部绿色施工日常监督工作，根据绿色施工涉及的技术、材料、能源、机械、行政、后勤、安全、环保及劳务等各个职能系统的特点，把绿色施工的相关责任落实到工程项目的每个部门和岗位，做到全体成员分工负责，齐抓共管，把绿色施工与全体成员的具体工作联系起来，系统考核，综合激励以取得良好效果。

三、监督控制体系的构建

绿色施工需要强化计划与监督控制，有力的监控体系是实现绿色施工的重要保障。在管理流程上，绿色施工必须经历策划、实施、检查与评价等环节。绿色施工要经过监控，测量实施效果，并提出改进意见。现代建筑工程的绿色施工是过程，过程设施完成后绿色施工的实施效果就难以准确测量。因此，现代建筑工程项目绿色施工需要强化过程监督与控制，建立监督控制体系，体系的构建应由建设、监理和施工等单位构成，共同参与绿色施工的批次、阶段和单位工程评价及施工过程的见证。在工程项目施工中，施工方、监理方要重视日常检查和监督，依据实际状况与评价指标的要求严格控制，通过 PDCA 循环，促进持续改进，提升绿色施工实施水平。监督控制体系要充分发挥其旁站监控职能，使绿色施工扎实进行，并确保相应目标的实现。

绿色施工需要明确第一责任人，以加强绿色施工管理。施工中存在的环保意识不强、绿色施工措施落实不到位等问题是制约绿色施工有效实施的关键问题，应明确工程项目经理为绿色施工的第一责任人，由项目经理全面负责绿色施工，承担工程项目绿色施工推进责任。这样工程项目绿色施工才能落到实处，才能调动和整合项目内外资源，在工程项目部形成全项目、全员推进绿色施工的良好氛围。

四、持续改进方法的建立和实施

现代建筑工程的绿色施工推进应遵循管理学中通用的 PDCA 原理，PDCA 原理，又名 PDCA 循环，也叫质量环，是管理学中的一个通用模型。PDCA 原理适用于一切管理活动，它是能使任何一项活动有效进行的一种合乎逻辑的工作程序，其中 P、D、C、A 四个英文字母所代表的意义如下：P（Plan）——计划，包括方针和目标的确定以及活动计划的制定；D（Do）- 执行，执行就是具体运作，实现计划中的内容；C（Check）——检查，就是要总结执行计划的结果，分清哪些对了，哪些错了，明确效果，找出问题；A（Action）——处理，对检查的结果进行处理，认可或否定，成功的经验要加以肯定，或者模式化加以适当推广；失败的教训要加以总结以免重现；这一轮未解决的问题放到下一个 PDCA 循环，而绿色施工持续改进（PDCA 循环）的基本阶段和步骤如下：

（1）计划（P）阶段，即根据绿色施工的要求和组织方针，提出工程项目绿色施工的基本目标。步骤一：明确"四节一环保"的主题要求。绿色施工以施工过程有效实现"四节一环保"为前提，这也是绿色施工的导向和相关决策的依据。步骤二：设定绿色施工应达到的目标，也就是绿色施工所要做到的内容和达到的标准。目标可以是定性与定量化结合的，能够用数量来表示的指标要尽可能量化，不能用数量来表示的指标也要明确。目标是用来衡量实际效果的指标，所以设定应该有依据，要通过成分的现状调查和比较来获得。《建筑工程绿色施工评价标准》（B/T 50640-2010）提供了绿色施工的衡量指标体系，工程项目要结合自身能力和项目总体要求，具体确定实现各个指标的程度与水平。步骤三：策划绿色施工有关的各种方案并确定最佳方案。针对现代建筑工程项目，绿色施工的可能方案有很多，然而现实条件中不可能把所有想到的方案都实施，所以提出各种方案后优选并确定出最佳的方案是较有效率的方法。步骤四：制定对策，细化分解策划方案。有了好的方案，其中的细节也不能忽视，计划的内容如何完成好，需要将方案步骤具体化，逐一制定对策，明确回答出方案中的"5W2H"即：为什么制定该措施（Why）？达到什么目标（What）？在何处执行（Where）？由谁负责完成（Who）？什么时间完成（When）？如何完成（How）？花费多少（How much）？

（2）实施（D）阶段，即按照绿色施工的策划方案，在实施的基础上努力实现预期目标的过程，其所对应的步骤五：绿色施工实施过程的测量与监督，对策制定完成后就进入具体实施阶段，在这一阶段除了按计划和方案实施外，还必须要对过程进行测量，确保工作能够按计划进度实施，同时建立数据采集，收集过程的原始记录和数据等项目文档。

（3）检查效果（C）阶段，即确认绿色施工的实施是否达到了预订目标，其所对应的步骤六：绿色施工的效果检查。方案是否有效、目标是否完成，需要进行效果检查后才能得出结论，将采取的对策进行确认后，对采集到的证据进行总结分析，把完成情况同目标值进行比较，看是否达到了预订的目标。如果没有出现预期的结果，应该确认是否严格按照计划实施对策，如果是，则意味着对策失败，那就要重新进行最佳方案的确定。

（4）处置（A）阶段，其所对应的步骤七：实现标准化。对已被证明的有成效的绿色施工措施，要通过标准化，制定成工作标准，以便在企业和以后执行和推广，并最终转化为施工企业的组织过程资产。步骤八：问题总结。对绿色施工方案中效果不显著的或实施过程中出现的问题进行总结，为开展新一轮的 PDCA 循环提供依据。

绿色施工通过实施 PDCA 管理循环，能实现自主性的工作改进，绿色施工起始的计划（P）实际应为工程项目绿色施工组织设计、施工方案或绿色专项施工方案，应通过实施（D）和检查（C）发现问题，制定改进方案，形成恰当处理意见（A），指导新的 PDCA 循环，实现新的提升，如此循环，持续提高绿色施工的水平。

五、绿色施工的协调与调度

为保证现代建筑工程项目绿色施工目标的实现，在施工过程中要高度重视施工调度与协调管理，应对施工现场进行统一调度、统一安排与协调管理，严格按照策划方案，精心组织施工，确保有计划、有步骤地实现绿色施工的各项目标。绿色施工是工程施工的"升级版"，应该特别重视施工过程的协调和调度，建立起以项目经理为核心的调度体系，及时反馈上级及建设单位的意见，处理绿色施工中出现的问题，及时加以落实和执行，实现各种现场资源的高效利用。

现代建筑工程项目绿色施工总调度应由项目经理担任，负责绿色施工的总协调，确保施工过程达到绿色合格水平以上，施工现场总调度的职责包括：定期召开有建设单位、上级职能部门、设计单位、监理单位参与的协调会，解决绿色施工疑点和难点；监督、检查含绿色施工方案的执行情况，负责人力物力的综合平衡，促进生产活动的正常进行；定期组织召开各专业管理人员及作业班组长参加的会议，分析整个工程的进度、成本、计划、质量、安全、绿色施工的执行情况，使项目策划的内容准确落实到项目实施中；指派专人负责，协调各专业工长的工作，组织好各分部分项工程的施工衔接，协调穿插作业，保证施工的条理化和程序化；施工组织协调建立在计划和目标管理的基础之上，根据绿色施工策划文件与工程有关的经济技术文件进行，指挥调度必须准确、及时和果断；建立与建设单位、监理单位在计划管理、技术质量管理和资金管理等方面的协调配合措施。

现代建筑工程绿色施工过程中应注重检查和监测，包括日常、定期检查与监测，其目的是检查绿色施工的总体实施情况，测量绿色施工目标的完成情况和效果，为后续施工提供改进和提升的依据和方向，检查与监测的手段可以是定性的，也可以是定量的。现代建筑工程项目可以针对绿色施工制订季度检、月检、周检、日检等不同频率周期的检查制度，周检、日检要侧重于工长和班组长层面，月检、周检应侧重于项目部层面，季度检可侧重于企业或分公司层面。监测内容应在策划书中明确，应该针对不同监测项目建立监测制度，应采取措施保证监测数据准确，满足绿色施工的内外评价要求。

参考文献

[1] 白会人. 建筑工程项目管理与成本核算 [M]. 哈尔滨：哈尔滨工业大学出版社，2015.

[2] 陈俊，常保光. 建筑工程项目管理 [M]. 北京：北京理工大学出版社，2009.

[3] 陈绍周. 建筑工程项目管理与施工网络计划 [M]. 合肥：安徽科学技术出版社，1993.

[4] 邓淑文. 建筑工程项目管理 应用新规范 [M]. 北京：机械工业出版社，2009.

[5] 丁洁. 建筑工程项目管理 [M]. 北京：北京理工大学出版社，2016.

[6] 何培斌，庞业涛. 建筑工程项目管理 [M]. 北京：北京理工大学出版社，2013.

[7] 李福和. 工程项目策划 [M]. 北京：中国建筑工业出版社，2013.

[8] 李慧民. 建筑工程经济与项目管理 [M]. 北京：冶金工业出版社，2002.

[9] 李长花，段宗志. 建筑工程经济 [M]. 武汉：武汉大学出版社，2013.

[10] 林立. 建筑工程项目管理 [M]. 北京：中国建材工业出版社，2009.

[11] 刘先春. 建筑工程项目管理 [M]. 合肥：中国科学技术大学出版社，2013.

[12] 刘晓丽，谷莹莹，刘文俊. 建筑工程项目管理 [M]. 北京：北京理工大学出版社，2013.

[13] 骆中华，王永灵. 建筑企业工程项目物资管理 [M]. 成都：西南交通大学出版社，2017.

[14] 沈笑非，陈兆建，邢卫东. 现代综合体工程项目管理创新实践 [M]. 南京：东南大学出版社，2014.

[15] 施炯. 建设工程项目管理 [M]. 杭州：浙江工商大学出版社，2015.

[16] 史玉芳，尚梅. 工程管理概论 [M]. 西安：西安电子科技大学出版社，2013.

[17] 唐菁菁. 建筑工程施工项目成本管理 [M]. 北京：机械工业出版社，2009.

[18] 王守清. 计算机辅助建筑工程项目管理 [M]. 北京：清华大学出版社，1996.

[19] 王文焕. 高校建筑工程项目管理实践与探索 [M]. 北京：北京理工大学出版社，2008.

[20] 王云. 建筑工程项目管理 [M]. 北京：北京理工大学出版社，2012.

[21] 温国锋. 建筑工程项目风险管理能力提升模型与方法研究 [M]. 北京：经济科学出版社，2011.

[22] 吴涛 . 项目管理创新发展与建筑业转变发展方式 [M]. 北京：中国建筑工业出版社，2013.

[23] 刑德勇 . 三峡三期工程项目管理与理念创新 [M]. 武汉：湖北科学技术出版社，2008.

[24] 杨平，刘新强，邓聪 . 建筑工程项目管理 [M]. 成都：电子科技大学出版社，2016.

[25] 杨勤，徐蓉 . 建筑工程项目安全管理应用创新 [M]. 北京：中国建筑工业出版社，2011.

[26] 尹韶青，赵宏杰，刘炳娟 . 建筑工程项目管理 [M]. 西安：西北工业大学出版社，2012.

[27] 尹素花 . 建筑工程项目管理 [M]. 北京：北京理工大学出版社，2017.

[28] 张迪，金明祥 . 建筑工程项目管理 [M]. 重庆：重庆大学出版社，2014.

[29] 张现林 . 建筑工程项目管理 [M]. 西安：西安交通大学出版社，2012.

[30] 赵毓英 . 建筑工程施工组织与项目管理 [M]. 北京：中国环境科学出版社，2012.

[31] 朱祥亮，漆玲玲 . 建筑工程项目管理 [M]. 南京：东南大学出版社，2010.